自 然 文 库
N a t u r e
S e r i e s

Cat Wars

The Devastating Consequences of a Cuddly Killer

流浪猫战争

萌宠杀手的生态影响

〔美〕彼得·P. 马拉　克里斯·桑泰拉　著

周玮　译

创于1897
商务印书馆
The Commercial Press

献给我的妻子安妮，感谢她的鼓励和细心的支持；献给我的孩子阿林和加布，希望他们有机会体验和了解大自然的辉煌。献给我的兄弟迈克，他钟爱一切动物，可惜早早离世。

——彼·马

献给我的妻子黛德丽，感谢她始终如一的支持，还有我的两个女儿卡西迪和安娜贝尔。希望她们成年后看到的世界依然拥有丰富的生物多样性。

——克·桑

目录

第一章　史蒂文斯岛鹪鹩的讣告

无论猫儿的战争多么频繁，幼崽总是数量可观。

——亚伯拉罕·林肯

　　新西兰南岛以北，马尔堡峡湾之中，史蒂文斯岛高高隆起，头顶是一片毛利人的天空。该岛距离主岛两英里[*]，距离威灵顿五十英里，面积不足四分之一平方英里，南北长度大于东西宽度，岛上山峰最高海拔约一千英里。和此地其他岛屿一样，史蒂文斯岛上的植被分布于崎岖的山地，低矮粗犷，几乎密不透风，似乎是因为这片土地企图阻挡从南极洲刮来的强劲持久的东北风。据史料记载，登陆十分凶险，很少有人能踏上海岸一步，所以岛上基本保留原始状态。事实上，小岛在受到人类活动影响以前，很可能已存在了上百万年，即使毛利人曾经踏访，他们也没有留下什么痕迹。白人对小岛的勘探开始于19世纪70年代，由新西兰海事官员发起。他们决定在此修筑灯塔，确

---

[*]　1英里=1.609344千米。——本书中脚注无特殊说明，均为译者注。

保船只安全通过附近的峡湾。新西兰在19世纪中期发生了三次大海难，有几百人丧生，修筑灯塔因此成为头等大事。19世纪90年代初，史蒂文斯岛上矗立起一座灯塔，还修建了几栋朴素的住宅，安顿着三位灯塔守护员及家人。守护员少有人陪伴，常会带上猫去偏远的海角前哨。曾经有一个故事讲到，一只可能名叫提伯斯的猫登上了史蒂文斯岛，主人允许它在岛上四处漫游。

大卫·莱尔喜欢这种孤寂的生涯。他受过教育，身体健康，做事有条不紊。不过最重要的一点是，他烧的煤油灯干净。莱尔的新差事是新西兰海事局的灯塔守护员助理，他克制着心中的激动。那是1894年1月，他将和另外16个人驻守这个新前哨。19世纪晚期灯塔守护员的工作并不轻松，但是主要责任十分明确，要确保点燃的煤油灯明亮干净，这需要不时修剪灯芯，让火苗变大，少冒黑烟。很多人的性命握在守护员手中，漆黑的夜晚，小岛岸边的一块礁石几秒钟就能刺穿轮船的木质船身，这意味着水手几乎必死无疑。那时很多海员不会游泳，更讽刺的是，他们痛恨海水——尤其是环绕着新西兰南岛的亚南极的冰冷海水。

灯塔守护员面临的是忍耐力的挑战——忍耐严酷的天气，忍耐几乎令人窒息的小团体，忍耐新鲜食物不足，而最可怕的是与世隔绝。守护员们一个月只能从主岛获得两次补给。为了增加物资储备，他们可以养牛羊和鸡，收获新鲜的牛奶、羊毛和鸡蛋。如果土壤和天气条件允许，也能稍事园艺。

莱尔并不畏惧这些挑战。他有妻有子，需要挣得足够的薪水；他也渴望追寻梦想，即使这意味着要在与世隔绝的小岛上生活。莱尔热爱动物，对博物学的好奇难以餍足，尤其迷恋观鸟。作为一个业余的鸟类学家，他最想研究的是岛上的鸟类，甚至梦想能为博物馆提供一些鸟类标本。

莱尔可能从小就对秩序十分在意，这将逐渐发展为他给所见的自然万物命名及分类的需求。他对动物及其命名法则充满热情，或许是因为从中能获得慰藉，也能找到自然运作规律的解释，就像是解决一个谜题，揭示此前未知的事实，并为看似混乱无序的自然景观提供秩序。作为一个自学成才的博物学家，他的知识大多来自有限的几本新西兰博物志（那时野外指南还未出现）。在对自然，特别是鸟类及其行为的观察中，在鉴别和命名现有物种的工作中，莱尔或许也找到了内心的平静。他还发现自然有一种内在的价值，但是无法量化证明，也无法用言语阐明。他一心想要抵达那个新的岗位，在那个少有人探索和居住的小岛上，他终于能够追寻自己的理想。他想象在漫长的夜晚沉思，鉴别植物、昆虫和鸟类的标本，燃掉大量的煤油——与此同时还能养家糊口。

莱尔将找到完美的研究对象来满足他对鸟类的兴趣。那就是后来被命名为 *Xenicus (Traversia) lyalli* 的史蒂文斯岛鹩鹩，当时还没人描述过。要不是有羽毛和鸟蛋，它的样子更像一只老鼠。这种鸟过着霍比特人式的生活，在木头、地洞甚至乱石堆中觅食。有些记录还提到它是半夜行性的鸟类。它长着大脚和短短的尾巴，在海岸礁石间伏地疾走，或是在密密缠绕的灌丛枝条间跳来跳去。它扇动已经退化的双翅，为偶尔的跳远助力，这长长的一跳也许是最接近飞行的动作了。这种鸟各方面都像鹩鹩，但并不是鹩鹩科的成员（在后文中姑且仍称之为鹩鹩），而是新西兰特有的刺鹩科（Acanthisittidae）的成员。世界上只有三种不会飞行的鸟，它便位居其中。它实在不需要飞——既不用离开岛屿，也不用长时间离开地面，一年到头都有食物，在岛上就可以繁衍生息。更重要的一点是，岛上没有天敌。飞行的能力要以其他代价高昂的演化特点来交换，而这种小小的、比一枚大硬币略重的鹩鹛，因为无需逃避或迁徙，结果失去了飞行的能力。

史蒂文斯岛鹩鹛的物种形成需要几百万年。随着时间的推移，一代又一代的鸟儿生生灭灭，自然史和生物机能发生了巨大的演进式变化，造就了这个独特的物种。年复一年，鹩鹛筑巢、产卵、抚育幼鸟，而后代的数量时多时少，这取决于成鸟配偶的质量、现有食物的数量、气候，或是所有这些因素复杂的共同作用。在时间的长河中，这个物种的大小、颜色和形状以不同的速度变化，有时极为缓慢，有时较为迅速。但是和其他动植物种类一样，它们都通过自然选择，以一种适应环境的速度演化着，这环境既是生物学上的，也是气候上和地理上的。这是一个在地球各处反复发生的故事，历时上千年、上百万年，甚至上亿年。物种形成的速度有时极为缓慢，反过来物种灭绝的过程却在以惊人的速度进行。

新西兰是一个岛国，岛屿群包括南岛和北岛两块大陆，还有大陆四周环绕的一系列小岛，它们和世界上其他地方已隔绝了八千多万年。就像那些在不同时间范围形成的海水包围的小片陆地，例如加拉帕戈斯群岛、夏威夷群岛和加勒比海群岛一样，新西兰也是一个鲜明的例证，到处都能看到物种分化和适应本土环境的漫长过程。这里是最古老的列岛之一，拥有的特有鸟种多得惊人，占新西兰鸟类的87%。在32种不会飞行的鸟类中，有16种现在已经灭绝。除了这种不会飞的小鹞鹟，列岛上的著名物种还有巨水鸡（一种不会飞的秧鸡）、鸮鹦鹉（一种不会飞的鹦鹉），当然还有几维鸟。岛国一度还生活着至少9种恐鸟，它们和鸵鸟相似，是不会飞的巨型鸟。但是到了1400年，第一批人类（毛利人）抵达新西兰后仅仅250年的时候，这9种恐鸟已经全部灭绝，是由过度猎杀和栖息地的破坏导致的。当莱尔踏上史蒂文斯岛的海岸时，新西兰几乎三分之一的特有物种已经灭绝，原因是毛利人和欧洲人在此定居，他们还破坏了物种栖息地，带来了哺乳类的捕食者。

在提伯斯到来之前，史蒂文斯岛上从来没有猫。事实上，这里从未有过任何哺乳类的捕食者。提伯斯和它尚在子宫中的幼崽最先登陆小岛，是在1894年初。一只母猫一次可以产下多达8只幼崽，有时更多。假如附近有公猫，母猫在生产后几天就能再次受孕。假如附近没有无血缘关系的成年公猫，交配最终会在一母同胞或子女与母亲之间发生。一旦进入发情期，猫会繁殖得很快，放任自流的话，数量常会急剧增长。对于与世隔绝的岛民，猫是完美的宠物，部分原因是它们能从周围环境中获得大部分食物。蜥蜴、鸟或小型哺乳动物提供了充足的食物来源。猫是食肉动物，主要靠蛋白质和脂肪来维持健康。它们是伏击型捕猎者，可以长时间坐守，一动不动，等待适合的时机突袭。它们敏捷有效，能力超群——否则结局就是灭亡。猫有可缩回的尖爪，像剃刀一般锐利，从有力的脚掌中伸出，锁定猎物。看猎物无法动弹，再用两枚尖利的犬牙咬下致命的一口，一般是对准脖子，接着快速撕咬猎物的鳞片、绒毛或羽毛。猫能够杀死兔子和松鼠一般大小的动物，但它们主要捕食小鼠和田鼠这类更小的啮齿动物，还有和麻雀、鹩鹑差不多大的鸟类。猎杀并不总是出于饥饿，追逐猎物似乎更刺激，所以猫即使不饿也会捕猎。有些养猫的人允许家猫在外游荡，可能收到一只鸟或小鼠当"礼物"，这证明了宠物猫捕猎的本领。据科学家推测，这种带回猎物的行为是富有经验的猫在向另一只猫，甚至是一个人传授捕猎的技能。也有人推测这是一种捕食行为，或者是把一个曾经好玩的玩具放在安全的地方，以备后用。不管出于什么原因，一只猫无论饥饱，都可能把大量身被毛皮和羽毛的礼物带回家给主人。至于提伯斯，它入岛并获准四处游走以后，也只是遵循本能行事，很快开始把小鸟带回家，送给兴奋而好奇的莱尔。那些鸟有时是完整的，有时被吃掉了一半。

没人知道提伯斯是一个怎样的伙伴，它的主人到底是谁。它和大多数猫一样，天性中有非常独立的一面，也许在它的印象里，灯塔守护员反倒是给它做伴寻开心的。提伯斯可能不是那种在你腿上蜷成一团，或在枕边安睡的猫。不过它还是一只小猫，和如今那些追着毛线球跑的小猫一样幼稚可爱。既然到了岛上可以四处走动，它便随着自己的意愿自由来去。除了在一天中最热的时候睡长长的觉，其余时间它就在岛上探索，观察每一个移动的东西，发现任何动静就预谋发起追捕。时间流转，提伯斯也愈发野性。当然，它的后代都属于野化的家猫——猫在一代之内就能"野化"。

科学家们不知道史蒂文斯岛鹩鹑是否曾经在新西兰广泛分布。一

流浪猫战争：萌宠杀手的生态影响

种可能的情况是，栖息地的破坏加上猫和大鼠的扩散，导致这种不会飞的鸟数量减少。荒凉隔绝的史蒂文斯岛为岛上仅存的种群提供了最后的庇护。化石证据指向这种解释，但无法提供确凿的答案，因为这些证据并未充分呈现史蒂文斯岛鹩鹩区别于其他鸟种的基因等方面的差异。另一种较为可信的观点是，在新西兰别的岛上发现的鹩鹩化石，身体特征和史蒂文斯岛鹩鹩相似，然而属于不同的物种。考虑到新西兰的生物地理史，史蒂文斯岛鹩鹩的某些种群同其他种群可能隔绝了上百万年，这种设想也相当合理。

区分物种通常依据形态和（或）基因差异。进化生物学家恩斯特·迈尔提出"生物学物种"这个概念，将一个物种定义为一群在自然条件下可能交配并产生可育后代的个体。在生物学界的战壕中，很少拿这作为唯一标准来确定一个生物种群是否是新的或独立的物种。分类学家和系统生物学家察看颜色、模式、大小，现在还包括基因本身，以此决定一种动物是否是科学上的新物种。上述特征基本上是通过基因变异和（或）长期的生殖隔离形成的，就像有时在岛屿、山脉的另一边或河流的对岸会发生的情况。因为收藏品中没有来自新西兰其他地区的类似鹩鹩的标本，也就无从知晓其他种群和史蒂文斯岛上留存下来的那些是否相同。缺乏这个信息，就永远无法了解鹩鹩的真实分布情况，以及它在新西兰其他地区灭绝的所有可能的原因（假如它曾经分布广泛）。

即使如此，有一个基本点是明确的：直到1894年都没有人记录曾经看到过这个物种，包括新西兰所有最著名的生物学家。史蒂文斯岛上的莱尔看着手中这只鹩鹩，认为自己遇到了从未发现过的鸟种。一天夜里，他在煤油灯放出的光芒旁边，兴奋地查看提伯斯刚带回家的一堆鸟。它们大多被吃掉一半，但还有些近乎完好无损。莱尔在岛上待的时间还不长，因此他还远不能给大部分标本命名。他拿起一只样子特别的死鸟。它个头很小，背部呈橄榄色，腹部灰白，羽毛有棕色的扇形饰边，眼睛上方有狭窄的白色纹，短翅膀，长长的棕色鸟喙下弯。这让莱尔想起俗名为"步枪手"的刺鹩（*Acanthisitta chloris*），那是他较为了解的一种类似的小"鹪鹩"，在新西兰很常见。莱尔很可能只在极少数场合观看过标本制作，他自己也没做过几次标本剥制。尽管如此，他还是拿起了解剖刀，沿着小鸟的胸骨一直切到腹部上方。他将手指插入皮下，慢慢地把皮从肌肉上剥离，最后两边都插入手指，直到手指相触。然后用剪刀剪断尸体后部与鸟尾相连处的骨头，将皮剥离鸟身，到翅膀处停下。看得出来，提伯斯用犬牙咬穿了鸟腹，还可能一爪拍下，打坏了一只翅膀。莱尔剪断两根翼骨，切开肌肉。他继续拉扯身体，让皮和身体分离，露出脖子以后，又迅速剪断脖子，再将鸟身和皮肤分开。接下来小心翼翼地剥离头骨上的皮，直到能够看见眼眶边缘。然后在头骨后面剪下一块整齐的正方形，小心地挖出脑子。莱尔知道要尽可能多去除一些组织，这样标本会干得更快，也可避免生蛆。下面再回到眼部，他细心地剪开瞳孔周围薄薄的组织，从头骨中挖出眼球，又将皮外翻，把皮盖在头骨上，此时眼睛的部分已经是两个小洞了。下一步用羊毛填充皮的内部，重新制作眼睛、颈部和身体。最后缝合切口，把标本放在窗台上晒干。在接下来的几个月里，莱尔多次重复这一过程，至少制作了 15 号标本，最终这些标本都将送到此地当时著名的鸟类学家手中，包括沃尔特·罗斯柴尔德、沃尔特·巴勒和 H. H. 特拉弗斯[1]。

仅仅一年，提伯斯和她的后代、后代的后代，以及再往后的所有子孙都已野化，用莱尔的话来说："它们让所有的鸟儿遭遇了浩劫。"[2] 很快，鹪鹩看不见了，其他鸟种也所剩无几。谁也不知道究竟在什么时候，这种鹪鹩从地球上永远地消失了。也许它们是在一年之内消失的，总之在莱尔和其他灯塔守护员初次登临史蒂文斯岛后没过几年。莱尔，他的儿子，也许还有几个人，很可能是仅有的几个目睹过活生生的鸟儿的人。1895 年 3 月 16 日，基督城报纸《新闻报》的一则社论报道："有充分的理由相信，这种鸟在岛上已经不见踪影，也没有人听说它们存在于别处某地，因此显然已经绝种。这在物种灭绝史上可能是破纪录的。"

这个纪录一直保持到今天。史蒂文斯岛鹪鹩在近一年内灭绝，尤为讽刺的是，几乎就在同一时间，这个新鸟种刚刚为世人所知。一首独一无二的歌曲，一种从未记录过的失传的语言，如今永远沉寂了。唯一遗留下来的是那 15 号标本，它们保存在世界各地 9 个不同的博物馆中。莱尔发现这种鸟后不久，他制作的标本以相当于如今市价 1000 美元到 2000 美元的价格被人买进、出售和交易。而这些猫继续繁衍，史蒂文斯岛上的鸟类命运已经无可置疑。据报道，1899 年一位新灯塔守护员在 10 个月内射杀了 100 多只野化家猫，试图以这种手段让小岛回归有猫以前的状态。直到 1925 年，花了 26 年时间，史蒂文斯岛终于摆脱了猫。

第二章 美国的乳业产地及屠宰场

> 如果野生物种不复存在，有些人可以继续活下去，有些人则不能。
>
> ——奥尔多·利奥波德

莱尔踏上史蒂文斯岛约 100 年后，该岛 8500 英里西北偏北的地方，斯坦利·坦普尔正在威斯康星州的"岛"上漫步。这不是海水和凶险的礁石环绕的群岛，而是成排的庄稼和树林围绕的草岛（包括草原、牧场和干草地）。坦普尔是威斯康星大学麦迪逊分校的野生动物生态学教授，他和研究生在美国中西部乡村宁静的田野研究鸟类。时值 1984 年，坦普尔对联邦和州立草原恢复项目很有兴趣，准备研究野生动物如何从中受益。比如美国农业部有一个保育休耕项目，计划帮助农民用永久的草地覆盖和替代易受侵蚀的农田。这个项目的长期目标是在辽阔的农业区域内部打造更多草原生境，以便改善水质，防止土壤流失，为野生动物提供栖息地。这是从事环保型农耕的初步尝

　　　　　　　　　　　流浪猫战争：萌宠杀手的生态影响

试，特别是在农业规模更大、更密集的条件下，对失去自然栖息地的鸟类和其他草原物种更为有利。但是这个项目对野生动物的好处还没有全面评估过。作为保护生物学领域的先锋，坦普尔深知科学评估的重要性，评估能避免这些措施常会引发的意外后果。

威斯康星州拥有多种自然环境，南部有草原和稀树草原，北部有森林。它还是美国知名的乳业产地，这里农场星罗棋布，既有奶牛养殖场，也有种植各种农作物的。1984年，全州有近7万个农场，每个农场上都有一两座农舍，多个谷仓、畜棚，还有其他附属建筑。坦普尔开始走访其中一些农场，准备开展研究。他不禁注意到在这个州各地很多农场及其相连的草原上，野化家猫泛滥成灾。有些农场成了几十只"谷仓猫"的家园，还有放养的宠物猫在已恢复的草原区域漫游，捕食小型啮齿动物和鸟类，而这片生境恰恰是农民在政府鼓励下打理的土地，对本土野生动物很有好处。坦普尔担心，在农场和村民住家附近打造栖息地吸引鸟儿营巢，本来是生态恢复的尝试，实际上却把它们暴露给数量繁多的捕食者——这不啻一种生态陷阱。

到了这个时期，家猫已经导致或促使各地岛屿的多个物种灭绝，但是关于它们对大陆地区潜在影响的认识或研究还很少。坦普尔决定扩大研究范围，探讨户外流浪猫对威斯康星州乡间野生动物的影响这一具体问题。他并没有意识到自己开始的这项科学研究将会引起轩然大波。他对论战并不陌生，但也无法预料到后续的一系列事件。一场激烈的辩论将由此开始，以示威游行甚至死亡威胁告终。

在美国，有上千万人对猫怀有深切的感情。猫是一种魅惑迷人的动物，但它们对本土野生动物的危害可能是毁灭性的。野生鸟类和哺乳动物也有在野外自由生活的权利，却不像所谓猫的户外活动权利那样令人关注。在爱猫人士和野生动物保护人士两派之间，一场战争正在酝酿，而这些鸟类和哺乳动物已经成了其中的牺牲品。斯坦利·坦普尔的研究拨响了一个不和谐的音符。我们该怎样对待这些宠物呢？它们被人类驯化并成为心爱的伙伴已有上千年之久，可是一旦放养或是野化，这些宠物就能撕裂从亘古演化至今的生命织锦。

　　人类文明的摇篮——被称为"新月沃地"的这一地区，现在由伊朗、伊拉克、科威特、沙特阿拉伯、巴林、土耳其和埃及的部分地区组成。一万年前，这片土地上最先种植小麦、大麦和小扁豆之类的农业作物，也最先驯化了牛、山羊和猪。人们也开始蓄水，以供饮用和灌溉。碳水化合物、蛋白质和水的组合，以及用以存贮的相关建筑，使复杂的人类社会得以发展。而我们今天在威斯康星州的农村看到的是这样的景象：人类的发展吸引野生动物前来，它们占据建筑物，消耗粮食，其中既有食用谷类的哺乳动物，如小家鼠（*Mus musculus*），也有鸟类，如家麻雀（*Passer domesticus*）。这些动物被称为"半驯化动物"，因为它们在人类居住地附近繁衍生息，能够形成复杂的新型食物链，维系从植物、昆虫到哺乳动物的各类物种。人们认为，多种因素机缘巧合，引起老鼠和鸟数量过剩，最终导致新月沃地某些地区家猫的演化。这种演化究竟从哪里开始尚不清楚，不过在塞浦路斯岛的古老墓地中发现了与人合葬的猫的骸骨，证明早在 9500 年以前，人类和猫已经建立起紧密的关系。

全球的猫科动物共有40个原生种，除了大洋洲和南极洲，其他各大洲都有分布。大型猫科动物更为人所知，包括狮子、猎豹、花豹（金钱豹）、美洲虎、雪豹、美洲狮和老虎。其余都是小型的猫科动物，有非洲金猫（*Caracal aurata*）、山原猫（*Leopardus jacobita*）、荒漠猫（*Felis bieti*）、金猫（*Catopuma temminckii*）、婆罗洲金猫（*Catopuma badia*）、短尾猫（*Lynx rufus*）、黑足猫（*Felis nigripes*）、加拿大猞猁（*Lynx canadensis*）、狞猫（*Caracal caracal*）、云豹（*Neofelis nebulosa*）、欧亚猞猁（*Lynx lynx*）、渔猫（*Prionailurus viverrinus*）、扁头豹猫（*Prionailurus planiceps*）、乔氏猫（*Leopardus geoffroyi*）、南美林猫（*Leopardus guigna*）、细腰猫（*Herpailurus yagouaroundi*）、丛林猫（*Felis chaus*）、伊比利亚猞猁（*Lynx pardinus*）、豹猫（*Prionailurus bengalensis*）、纹猫（*Pardofelis marmorata*）、长尾虎猫（*Leopardus wiedii*）、兔狲（*Otocolobus manul*）、潘帕斯猫（*Leopardus pajeros*）、虎猫（*Leopardus pardalis*）、锈斑豹猫（*Prionailurus rubiginosus*）、沙漠猫（*Felis margarita*）、薮猫（*Leptailurus serval*）、西表山猫（*Prionailurus bengalensis iriomotensis*，又译作西表猫）、小斑虎猫（*Leopardus tigrinus*）、南美草原猫（*Leopardus colocolo*）及其亚种 *Leopardus colocola braccatus*，以及斑猫（*Felis silvestris*）——它正是猫科中最新，也最具争议的物种家猫（*Felis cactus*）的祖先。斑猫构成一个复杂的群体，至少有20个不同的亚种，包括欧洲野猫（*Felis silvestris silvestris*）、非洲野猫（*F. s. lybica*）、亚洲野猫（*F. s. ornata*）、南非野猫（*F. s. cafra*），以及中国野猫（*F. s. bieti*）。所有这些亚种的形态和基因都

很相似。欧洲野猫重约5到12磅*（差异部分与性别有关），灰色，有鲭鱼那样的黑色条纹，除了个头偏大，面孔和身体都与生存经验老到的虎斑猫非常相像。实际上，欧洲野猫常被误认为家猫。因为欧洲野猫和野化家猫长久以来自由交配，人们认为只有少量残留的种群——它们坚守的阵地位于苏格兰、瑞士、法国和德国的一些地区——保持着纯正基因。在某些地区，如苏格兰北部和西部，纯种野猫即使依然存活，数量也不为人知。欧洲野猫种群的衰落起初主要是伐木毁林导致的，然而现在，与野化家猫的近亲交配，还有传染后者携带的疾病，被视为主要的驱动因素。这一切听起来多少有些讽刺，因为欧洲野猫这个亚种虽然基因不同，却是今天家猫的祖先之一。

近来的基因研究证实了这一观点，即如今的家猫由斑猫的几个亚种演化而来。研究还表明五个斑猫亚种中的非洲野猫可能是家猫血缘最近的亲戚，也证实了猫的驯化始于新月沃地这一假设。今天的家猫已经演化为40到90个不同的品系，大部分是因为人为选育和某些遗传漂变**。这个统计数据依据的是官方认定的注册品种数，比如国际爱猫协会（CFA）登记的数目。一个"品系"或"品种"指的是同一物种中拥有一系列共同特征的一组动物。如果在同一品种的个体中进行繁殖，包括人为选育，由于性状的遗传基础，其后代都会保留同样的特征。有些品种的猫像狮子和老虎一样彼此迥异，很多看起来完全不像作为祖先的野猫。这些品种可粗略地划分为短毛品种和长毛品种。就短毛品种而言，从红色的阿比西尼亚猫、无毛的斯芬克斯猫，到个

---

* 　1磅 = 0.454千克。

** 　遗传漂变（genetic drift）又称基因漂变，是指种群中基因库在代际发生随机改变的一种现象，对于较小的种群，漂变的影响更明显。

头最小的新加坡猫，种类各有不同。长毛品种同样富于变化，包括卷毛类的塞尔凯克猫、扁脸的波斯猫，还有所有长毛猫中个头最大的缅因猫。尽管各个品种的猫特征差异很大，但远远比不上狗的品种，同样根据官方注册的数量，狗的品种有160到400种。狗的品种十分多样，包括阿富汗猎犬、斗牛犬、腊肠犬、大型雪纳瑞犬、大丹犬、灵缇犬、杜宾犬、伯恩山犬、吉娃娃。狗之所以有这么多不同品种，是因为人们繁育狗的历史更久，也许比猫早了一千年，目的也不止一个，包括打猎、放牧、嗅闻等。猫的育种是更为晚近的现象，主要由于爱猫人想要改变猫的仪容。不过，猫的驯化还是几种因素碰巧共同作用的结果。

大概就像黑熊跑到垃圾箱觅食、白尾鹿进入住家后院啃食柔软丰茂（也是最昂贵、最值得拥有）的植物，斑猫家族各亚种的个别成员也是如此进入人们贮存种子、粮食和其他食物的地方，这些地方同样吸引了啮齿动物和鸟类。于是猫和人类的生活在此交汇，这种关系就叫作"共栖"。二者比邻而居，再加上有些猫的野性不如其他的个体，因此更能容忍人类，驯化就这样发生了。新近的研究表明，这种"容忍"或"驯化"是有基因基础的。一些猫更有机会获得人类提供的资源，这样它们就更有可能成功繁殖，最终产生更能容忍人类的野猫种类。当然，同样有可能的是，早期人类捕获野猫是因为它们富有魅力，在很多代以后，猫被驯化为宠物。没有人知道驯化到底是怎么发生的，最有可能的也许是上述情况的综合。但我们确实知道，这些驯化的猫在人类的帮助下，后代几乎遍布地球的各个角落。人类邻居之所以容忍这些猫，是因为它们极具宠物的特性：柔软的毛，乖萌可爱，喜欢嬉戏。此外，猫还擅长捕猎被主人视为祸害的小型动物，抑制其数量增长。

　　无论是在新西兰、威斯康星州、这两地之间的成千座岛屿，还是其他地方（除了南极洲），猫最初的扩散几乎一定同欧洲人的迁徙和定居有关，虽然它们初次登陆的时间各不相同。也许是作为宠物或捕鼠动物，也许只是偷渡上船，具体情形无从考证，当然更有可能的还是上述几种情况的结合。曾有记载称爱德华二世（1327—1377）要求所有英国船舰在船上养猫以防鼠患，这种做法必然推动了猫在全球的扩散。猫到达新大陆的具体时间也不可考，不过哥伦布第二次航海（1493—1495）时它们显然已经在那里了。17世纪初在弗吉尼亚的詹姆斯敦殖民地，饥饿的殖民者以猫为食，这样的史料记载直到18世纪都有。家猫存在于北美至少已有500年之久，它们借助人类或无心或刻意的行为扩散到各地，称得上是地球上最成功的入侵物种。但它们如何向西部扩散，到达威斯康星州，却是一个不解之谜。有历史记载的欧洲人和北美印第安人的第一次互动发生在1634年，让·尼科莱*从中调停，促成休伦人和圣语族印第安人**双方签署和平条约。不过那时的印第安原住民养狗，也没有记录表明尼科莱的旅途中有猫随行。在接下来的150年中，捕猎者和商贩继续行走于威斯康星全境，直到19世纪初，欧洲的农民家庭和东部沿海地区的居民才到这

---

* 让·尼科莱（Jean Nicolet, 1598-1642），法国人，北美洲探险家，是已知的第一个发现密歇根湖和现在的威斯康星州的欧洲人。

** 圣语族印第安人，原文为 Ho-Chunk Nations，Ho-Chunk 意思是说圣语的人。这个印第安人部落原本住在威斯康星州所在地区，以农耕及捕猎北美野牛为生。自19世纪早期开始，美国政府逼迫他们放弃部分土地，圣语族只得不断迁徙，最终定居内布拉斯加州。

　　　　　　　　　流浪猫战争：萌宠杀手的生态影响

里垦荒定居，渐渐将草原和稀树草原地貌改造为牧场和农田，农舍和小块林地点缀其间。大概是在 19 世纪初，最早的一批欧洲移民来到威斯康星州，不知是有心还是无意，将家猫从东部引入此地。只是一两代的时间，它们就长久地留在了那里，再也不会消失。

斯坦利·坦普尔是威斯康星大学麦迪逊分校的"比尔斯-巴斯科姆"环境保护学荣休教授*，也是奥尔多·利奥波德基金会的高级研究员。他身高一米八，蓄着浅铁灰色的胡须，戴眼镜，看上去是一个典型的学者。坦普尔生性温和，慢言细语，但他在保护生物学领域的贡献卓著，名声响亮。他的生态学学士、硕士和博士学位都是在康奈尔大学取得的，主要研究珍稀濒危物种的恢复。坦普尔在威斯康星大学做了三十二年的教授，从前担任这个教职的不是别人，正是奥尔多·利奥波德——野生动物管理学的开创者。利奥波德撰写了多篇科学论文、科普文章，当然，还有《沙乡年鉴》这部经典著作。1949年，利奥波德去世后不久，此书出版，标志着这位环保主义者一生成就的顶点。这本书销量上百万，被译成十二种外语出版。利奥波德痛心于人与大自然的日渐疏离，呼吁人们以伦理原则与自然环境建立关系，这个理念也深深地激励着坦普尔。

斯坦利·坦普尔谦和低调地接替了利奥波德。在学术研究生涯

---

* "比尔斯-巴斯科姆"环境保护学荣休教授（The Beers-Bascom Professor Emeritus in Conservation）：荣休教授指退休后依然保留的教授资格。"比尔斯-巴斯科姆"环境保护学教授这一职位是威斯康星大学麦迪逊分校在 1970 年代末设置的，农业和生命科学学院的老师在自然和环境资源保护与管理领域做出杰出贡献，即有资格获得。

中，他继承了利奥波德广阔的视野，但将研究重点放在稀有和数量锐减的鸟类。坦普尔与他的学生救助了几种鸟，使它们免遭灭绝。他著有320多篇论文和7本书，指导过52个硕士研究生和23个博士研究生，还获得多个学术和教学奖项。坦普尔不张扬而且思想性强，在研究生涯的起步阶段，就成为新兴的保护生物学领域最出色的生物学家。他最持久的贡献包括研究濒危物种生物学，规划和施行物种恢复工作，以及参与制定自然资源政策。坦普尔早期研究的一个濒危物种是游隼（*Falco peregrinus*），后来游隼的数量开始回升，最终从美国濒危物种名录中"除名"，这跟他的保护工作是分不开的。在康奈尔大学结束博士学业后刚一个月，他就来到了毛里求斯岛。当时那里仅存7只毛里求斯隼（*Falco punctatus*），现在已有800只。在他的帮助下，岛上启动了保护工作，几十年来好几个物种（包括地方特有种）得到救助，免于灭绝。坦普尔和他的学生横跨半个地球，到格林纳达岛协助挽救当地濒危的特有种格林纳达棕翅鸠（*Leptotila wellsi*），启动该物种的恢复项目，措施之一是将该鸟定为格林纳达国鸟。在国内，坦普尔和学生参与加州神鹫（*Gymnogyps californianus*）的挽救工作，帮助实施人工繁殖和物种再引入的技术，最终这个物种恢复了。在世的科学家中，很少有人拥有他这样的履历。

坦普尔孩提时代就对观察和鉴别鸟类及其他野生动物充满热情，他的母亲虽然没有这个爱好，却十分了解儿子的渴望，让他自由而自主地探索自然。她送他去参加华盛顿特区奥杜邦学会组织的野外考察活动，目的地是宾夕法尼亚州的鹰山和马里兰州海滨这样的地方，都是观鸟热点地区，尤其在迁徙季节。而冥冥中自有天意，一位名叫蕾切尔·卡森的科学家和博物学作家也参加了这些观鸟之旅，她对少年时的坦普尔青眼有加。这时的卡森已经著有一部获奖作品《环绕我们的海洋》，该作品在 1953 年还被改编成自然纪录片，并获得奥斯卡奖。此时她大约也已开始调查研究，准备撰写日后推动环保运动的代表作《寂静的春天》。卡森和利奥波德一样深爱自然，希望人们能够保护自然。她致力于书写通俗优美的散文，向公众解释原始生境及其容纳的物种为何对人类的生活至关重要。《寂静的春天》原名为《人与地球的对抗》，意在证明滥用杀虫剂——尤其是滴滴涕（DDT）——给鸟类和其他动物造成的危害。这部书还有很重要的一点，就是批判了对科学事实的否认。坦普尔此时是一名高中生，他在克利夫兰自然博物馆做事，对猛禽和环保科学的兴趣愈发浓厚。《寂静的春天》出版于 1962 年，坦普尔一向将卡森视作导师，对此书也格外关注。DDT 这类杀虫剂会沿食物链不断上溯，从植物到食草动物，再到那些食草动物的捕猎者。化合物浓度在所谓的"生物放大"过程中逐渐增强。由于猛禽经常捕猎食草动物和中级杂食性动物，所以它们体内这种杀虫剂的浓度会更高。到了 1960 年代，DDT 对猛禽的严重危害开始显现，白头海雕、游隼和鱼鹰等鸟种数量骤降。坦普尔虽未与利奥波德谋面，但深受他的伦理观影响；卡森不事张扬，给予坦普尔细心的指导。在环保科学领域这两位巨匠的影响下，坦普尔注定要承担相似的责任，让自然不再遭受摧残，让我们的未来不会出现寂静的春天。

《寂静的春天》出版后，又过了漫长的十年，DDT 终于在美国的部分地区禁用。禁令的姗姗来迟主要是由于杀虫剂利益集团蓄意散布错误的信息，混淆视听。威斯康星州是美国第一个禁止使用 DDT 的州。1972 年 6 月，新成立的美国环境保护部第一任部长威廉·洛克豪斯宣布了全美禁用 DDT，不过直到 1979 年，DDT 在美国仍有零星的使用。DDT 和不少环境污染物一样，依然存在于自然界中，直至今日，有些地区的鸟类仍在遭受这种杀虫剂的毒害。

入侵物种可以说是另一种形式的环境污染物。它们和 DDT 一样会导致严重的危害，一旦引入，将其从当地环境中清除将会极其困难。家猫就是全球最早的入侵动物之一，大约仅次于小家鼠和黑家鼠。这两种啮齿动物原产于亚洲，随人类的流动而散布，它们是猫的猎物。一种由人类帮助散布的植物或动物如果要被定义为入侵物种，必须是某个特定地方的非本土物种，它们在那里像野火四处蔓延，对本土物种及其占据的栖息地造成生态破坏。某些情况下，入侵物种还会对人类的健康造成危害——有时是致命的——继而破坏地方和全国的经济。比如传播登革热和西尼罗河病毒的白纹伊蚊，或是在澳大利亚内地和新西兰南岛大部分地区过度繁殖的穴兔。

入侵物种先在新的生态系统中定居下来，然后开始繁殖和传播。如果想要成功，它或者需要占据一个空出的生态位，或者需要与某个生态位的原有物种竞争。家猫在这两方面都成功了：它占据了大片的地理范围，也赶走了生态位原有的居住者，繁殖的数量呈指数级增长。事实上，这种共同效应将家猫推上了全世界最具危害性的外来入侵物种名单。早在坦普尔开始研究猫在威斯康星州乡村的影响之前，人们就已经意识到家猫作为入侵物种的成功。它们对于岛屿（如史蒂文斯岛）生态和野生动物（特别是鸟类）的影响就是明证。

全世界有将近18万个岛屿，面积、形状、植被数量和海拔高度各不相同。其中既有大陆岛，如格陵兰岛、大不列颠和马达加斯加——这些岛位于附近大陆的大陆架；也有海洋岛，通常面积小得多，按成因分有火山岛、构造岛、珊瑚岛（热带岛屿）。由于地理隔绝，岛屿上的特有物种分布率很高，物种多样性也很丰富。但糟糕的是，岛屿上物种灭绝的比例高，本土物种数量减少的速度也很快，在小型或中型岛屿上尤甚。飞行能力有限或完全没有飞行能力的物种尤其脆弱，比如史蒂文斯岛鹩鹩。岛屿物种在演化的过程中很少有天敌，甚至没有天敌，因此大多数物种的逃避机制是有限的，甚至缺乏。所以当一只猫、老鼠或獴（它们都是极其厉害的捕猎者）登临一座岛屿时，岛上本土动物的灭绝或大幅减少只是一个时间问题。迄今为止，估计猫被带上了约1万个岛屿，占全球岛屿的5%。

在一篇刊载于《全球变化生物学》期刊的文章中，菲利克斯·梅迪纳及合著者回顾了在全球将近120个不同岛屿上进行的猫对濒危隔离种脊椎动物的影响研究。结论是猫导致175种爬行动物、鸟类以及哺乳动物的数量和地理分布减少，或是灭绝。爬行动物中有25种鬣鳞蜥、蜥蜴、龟和蛇；鸟类总计有123种，包括鸣禽、鹦鹉、海鸟和企鹅；哺乳动物中有27个物种，主要是啮齿动物和有袋类动物，还有一种蝙蝠，以及马达加斯加岛上的一种狐猴——猫对它们都造成了负面影响。总之，家猫部分或直接导致了全球238种爬行动物、鸟类和哺乳动物中33个物种（占14%）的灭绝。梅迪纳及合著者最终认为，这可能还是保守估计，因为大多数岛上缺乏监测和研究，特别是那些本土特有种比例高而猫数量多的地方，包括亚洲、印度尼西亚、波利尼西亚、密克罗尼西亚的岛屿。相比之下，杀虫剂DDT导致鸟种的灭绝这一情况未被证实。

这33个物种的灭绝被归因于猫，其中有些尚有余温。22种灭绝的鸟类之一是索科罗鸠，最后的野生种群灭绝被证实是在1972年；还有一种夏威夷乌鸦最后在野外见到是在2002年。这两个物种与另外31个的不同之处，严格来说，在于它们的野外种群已经灭绝，但是物种并没有完全灭绝。这两种鸟都有一些个体被人工圈养繁育。人工圈养繁育去除了在野外导致这些物种灭绝的威胁，但只有小心地放归和监测，才可能让它们成功地在野外重建种群，斯坦利·坦普尔正是通过类似的途径救助了毛里求斯隼和加州神鹫。这些岛屿上的每一个灭绝物种都有自己的故事，猫与野外种群的衰落间接或直接相关。如果我们想避免将来再次发生类似的灾难，就有必要细细回溯其中每一个物种灭绝的不同阶段。

索科罗岛是组成雷维利亚希赫多群岛的四个小岛之一，位于下加利福尼亚州南端以南的海域，恰好在太平洋大陆架之外。这片群岛是火山岛，独特的生态系统维系着至少16种特有的脊椎动物，都是鸟类和爬行动物，岛上没有本土哺乳动物。索科罗岛的生物多样性极为丰富，除了前文提到的索科罗鸠，还有 7 个鸟类特有种。1867 年以来，已多次有人考察索科罗岛上的独特动植物群。加州大学洛杉矶分校的博士生贝亚德·布拉斯特伦参与了 1955 年的一次考察，四年后在鸟类学期刊《秃鹰》上发表了论文，其中一段文字几乎是预见性的：

> 目前看来，岛上鸟类的未来是有保障的。还没有人在此居住，除了索科罗岛上数量适中且保持稳定的绵羊，也没有其他哺乳动物。很少有船只在雷维利亚希赫多群岛的四个小岛停靠，鸟类很少受到侵扰。迄今为止，群岛偏僻的地理位置和荒凉的环境庇护着岛上的物种，使它们免受除火山爆发之外的一切危害。尽管这种幸运的情况仍在持续，但也希望墨西哥政府谨防引入兔、猫、山羊和其他哺乳动物，它们总是给隔绝地区的动植物带来灾难。[1]

这是贝亚德 1956 年观察到的情况，但可悲的是，此后确实有一些东西给这个小岛带来了灾难。1972 年 3 月，科利马州组织了一次索科罗岛考察，以纪念贝尼托·胡亚雷斯去世一百周年。胡亚雷斯是一位思想开明的政治家，在墨西哥做过五任总统。科利马州还在考虑将索科罗岛重新命名为胡亚雷斯岛。在已出版的庆祝活动资料（Velasco-Murgía，1982）中，有在野外最后一次见到索科罗鸠的可靠记述。贝拉斯科和穆尔贾写到有人目睹几个访客无缘无故用棍棒打死性情温顺的索科罗鸠。墨西哥鸟类学家胡安·马丁内斯-戈麦斯大半个职业生涯都在研究鸟类以及它们在雷维利亚希赫多岛上的恢复，于是他采访了曾在岛上驻扎的墨西哥军方人员。虽然这些记录不是鸟类学家所做，但材料表明直到 1975 年，可能都还能见到索科罗鸠。然而此后，1978 年和 1981 年，乔·杰尔、肯·帕克斯和再度回访的贝亚德又进行了两次考察，他们没能见到一只索科罗鸠。从 1950 年代的健康种群到 1970 年代初期至中期的最后一批幸存者，索科罗岛的特有鸠种遭遇了可怕的变故。

物种灭绝通常是由多种相互作用的因素累积所致。杰尔和帕克斯发现索科罗岛上到处都有野猫的踪迹（一般认为猫是 1950 年代末建立军事基地时被带上岛的）。有证据显示猫捕食岛上特有物种，而胡安·马丁内斯-戈麦斯后来所做的研究和采访未能找到可信的证据表明猫早在 1970 年前就出没于索科罗岛。1972 年后马丁内斯-戈麦斯在研究濒危的索科罗嘲鸫（*Mimus graysoni*）时，证实了野猫的存在及其影响。他在猫的粪便和胃中鉴别出几种濒危特有鸟种的残余部分（羽毛），包括索科罗嘲鸫和汤氏鹱（*Puffinus auticularis*）。毫无疑问，野猫是索科罗鸠种群衰落并最终灭绝的一个成因，但是占到多大的比重仍不清楚。

根据马丁内斯-戈麦斯的推测，这一问题可能从 1869 年羊首次引入索科罗岛就开始了，那些羊后来都已野化，它们对于本土植被的影响虽然无法量化，却不容置疑。接下来的 75 年中，来访的科学家们，包括布拉斯特伦，都认为羊群本质上是无害的，但是岛上一些敏感而重要的物种栖息地确实正在经历缓慢的累积性变化。大片地区的过度放牧正在引发植被的变化，不经意的观察者也许发现不了，但是索科罗鸠和嘲鸫这类以植物为食、需要植物庇护的鸟，确实受到了影响。很可能岛上引入羊没多久，这两种鸟的种群已经开始衰落。而猫到来以后，种群的衰落加速了。由于当地从未实施过系统的监测计划，所以无法记录种群的衰落究竟有多快。索科罗鸠性情颇为驯顺，猫能轻易将其捕获，有时候人用棍棒也能击中它们。没有了植物的遮蔽，索科罗鸠无处藏身，数量渐增的野猫很快就会打发掉那些剩余的个体，就像史蒂文斯岛上所发生过的。庆幸的是，和史蒂文斯岛鹪鹩不同，索科罗鸠在20世纪早些时候已被圈养繁育。一旦岛上的猫和绵羊被完全清除，索科罗鸠也将最终放归野外，这一前景似乎指日可待。但是这些鸠是否能像斯坦利·坦普尔的毛里求斯隼那样顺利得救，我们还无法确定。

整个职业生涯，坦普尔都在观察地球上鸟类物种的明明灭灭。这次是在他的家乡威斯康星州，由于野外活动的猫数量持续增长，他又一次看到给鸟类带来严重祸害的入侵物种像幽灵一般出现在眼前。坦普尔非常清楚，有强有力的证据表明猫是导致岛屿物种衰落和灭绝的一个原因。而现在，他看到在威斯康星州各处，这些外来捕食者活跃在农场和农家附近的自然栖息地，数量多得令人担忧。多数情况下，在这些紧邻草原生境的乡间居住地栖息的物种，包括东部草地鹨（*Sturnella magna*）、刺歌雀（*Dolichonyx oryzivorus*）和亨氏草鹀（*Ammodramus henslowii*），数量都在急剧下降。坦普尔意识到应该开始收集相关数据，研究猫对鸟类种群的影响，再将研究结果公之于众。无论后果如何，这都是一个称职的环境保护生物学家应该做的。他从美国农业部以及美国食品和药物管理局争取到资金，这两个政府部门都在推动营造农场周围草原生境的项目，这有利于衰落的野生动物种群。

坦普尔和他的研究生约翰·科尔曼开始建立定量模型，这是一种必要的手段，能够帮助人们了解一个复杂系统的某些具体方面，尤其是空间尺度较大的时候。定量模型几乎应用在每个科学层面，也应用于商业和日常生活，只是构成的复杂性和输出信息的不确定性各异。我们用一个简单的例子来说明建模的方法，即驾车纵贯加利福尼亚州所需汽油量的成本估算。首先需要知道：一、汽油的平均成本；二、你那辆特定品牌的汽车 1 加仑*汽油平均能跑多少英里；三、加利福尼亚州从南到北的距离。这三个"变量"的估算都有一定程度的不确定性。比如，每个加油站的油价会有所不同；燃料效率取决于驾驶速度、交通状况和司机；而行驶距离的确切长度要等旅行结束才能知道，所以估算距离也要加减几英里。而这种不确定性也是可以估计的，所以你知道自己在决定最终要拨出多少钱作为油费预算时有几成的把握。对于坦普尔和科尔曼来说，核心问题十分明显，即威斯康星州乡村地区的猫每年杀死多少鸟？这个模型中的变量也相当简单。第一，威斯康星州乡村地区有多少只在户外自由生活的猫；第二，每只猫每年杀死多少只鸟。他们的模型是这样的：

（乡间猫的数量）×（被杀死的鸟数量 / 乡间猫的数量 / 年数）

---

* 1 加仑 = 3.785 升。

流浪猫战争：萌宠杀手的生态影响

为了估算第一个变量，即威斯康星州有多少只自由放养的猫，坦普尔和科尔曼从大约13万乡村地区居民的姓名和住址开始，这些居民都加入了美国食品和药物管理局开展的农业稳定和环境保护项目。名单几乎包括所有农民和很多没有农场的乡间居民，可确保较全面地覆盖整个州。两人从名单上随机挑选了1%的问卷调查对象，抽样范围是威斯康星州的所有72个郡，保证结果能够代表所有居民。问卷包括22道问题，还有一封保证不透露个人身份的附信，于1989年4月13日寄给威斯康星州的1324位居民。同年11月，坦普尔和科尔曼寄出明信片作为提醒，并拨打了一些人的电话，之后收到约807份有效问卷，回应率为64.6%。基于问卷结果，他们发现约80%的居民拥有1到60只猫（平均约为5只），猫的数量随住家是否在农场以及农场的类型而不同，比如畜牧场的猫平均数量多达9只。坦普尔和科尔曼接下来收集数据分析了每一种类型的乡间住所中猫的密度，然后估算出整个州猫的密度。结果是：威斯康星州乡村地区户外生活的猫数量在140万到200万之间，平均密度为每平方公里（约250英亩）10到14只猫。这些估算的结果对于建立模型和更好地了解鸟类种群问题的范围非常关键。两位研究者下一步必须确定每只猫会杀死多少动物，其中有多少是鸟。这需要抓捕一些猫，给猫戴上无线电项圈，这样才能估测它们的各方面行为。

已有几项发布过的研究估算了一只猫每年杀死多少动物。估算结果在0到远远超过一只猫所能食用的数量之间（有记载称一只乡间的猫在18个月里杀死了1690只动物）。坦普尔和科尔曼使用多种手段来确定猫吃的是什么，如在超过526个小时内直接观察11只戴无线电项圈的猫，检查 768 处猫粪的成分，还活捉了 130 只猫，灌进无害的催吐剂，让它们呕吐出最近吃下的食物。参与研究的养猫者也提供了 279 份猫杀死猎物的观察记录。正如坦普尔和科尔曼所怀疑的，这些综合数据显示：小型鸟类和小型哺乳动物，比如啮齿类和兔类，是户外放养的猫最常捕食的对象。其他采用类似手段的研究也证明：猫是机会主义的捕猎者，捕猎对象广泛——只要大小合适，它们会对任何一个移动的动物下杀手。有时它们会吃掉猎物，有时则不，由于存在这种可变性，坦普尔和科尔曼打算建立自己的估算模型，关键是要尽可能地综合多种类型的研究。他们结合文献综述和自己的数据得出结论，认为在户外猫的食物中，鸟类占 20%—30%。两位研究者将每一种组成成分的数量范围嵌入模型，计算结果是威斯康星州乡间户外放养的猫每年最少杀死 780 万只鸟（至少 140 万只猫，乘以每只猫每年至少杀死 5.6 只鸟）。而威斯康星州乡间有些地区户外猫的密度通常是其他中型捕食者（如狐狸、臭鼬和浣熊）总体密度的几倍，由此可见，户外猫显然是威斯康星州乡村地区本土鸟类的主要天敌。但是，这些数字到底意味着什么呢？

坦普尔又建了一个相当简单的模型。他有这些猫的详细跟踪数据，能够确定一只特定动物的活动范围，以及猫捕猎的具体地方。他在这些地方都做过鸟类数量统计，所以他也知道那里每一英亩土地上现有多少只鸟处于猫的平均捕猎范围。坦普尔估算的结果是：在一只猫的捕猎范围内生活的小型到中型鸟最少有 10% 死于猫爪，这个比例相当大。

大部分学术论文是由其他大学的同行阅读，然后存档，定期交由研究相似主题的学者评审。然而坦普尔和科尔曼在 1989 年第四次东部野生动物危害及防治会议上发表初步报告，1993 年又在《野生动物协会简报》上发表了篇幅更长的报告以后，普通公众却从报纸上知道了论文的内容。猫的话题对记者来说就像"猫薄荷"，十分具有诱惑力。坦普尔多年以后提及此事："我完全没想到披露事实会如此触及爱猫人士的痛处。应付那些下流电话和恶毒的恐吓信真是艰难。"[2]一份报纸登出文章，错误地暗示为了检查猫胃里的食物，它们是被杀死的。此后坦普尔甚至收到了死亡威胁。事实上，在威斯康星州进行研究的过程中，并没有猫受到伤害，仅有一些戴无线电项圈的猫死于疾病和事故。（2005 年威斯康星州考虑通过立法，最终使猎杀户外猫合法化，那时坦普尔将收到更多恐吓信和死亡威胁。详情见第六章。）所有这些野蛮的言语表现出一种惊人的分裂：很多威斯康星居民（至少是那些给编辑写信、给坦普尔写恐吓信的人）最担心的是鸣禽的死亡被归咎于猫，而不是猫杀死了上百万只鸣禽这个事实。也有些人更担忧猫可能被杀死，而不是担心研究人员的安危。

其实斯坦利·坦普尔也喜欢猫，他在威斯康星州的乡间住所还养了几只。他爱惜自己的宠物，知道它们在室内更为安全，但是他同样珍视户外土地上原生的鸣禽和其他野生动物的生命价值。美国有越来越多的人开始重视鸟类，观鸟者的队伍愈发壮大。同样，养猫的人也比过去任何时候都多。但是对猫和野生动物同样充满感情，能够设身处地体会"另一阵营"的感受的人，却少之又少。两大阵营人数激增，"爱鸟人士"和"爱猫人士"一决高下的时刻就要来临，而他们大概忘记了双方原本都是热爱动物的人。

第三章　完美风暴
——爱鸟群体和爱猫群体的兴起

一个抓着猫尾巴把猫提起来的人学到的东西，是其他地方学不到的。

——马克·吐温

1919 年一个春光明媚的星期六，一个名叫罗杰·托利·彼得森的 11 岁男孩在纽约詹姆斯敦的某个公园里发现一只黄色的鸟。詹姆斯敦是"帝国州（纽约州的别称）"最西南角的一个繁荣的小城，它依肖达匹河畔而建，英国殖民时期那里曾开办过几家毛纺厂。19 世纪初，由于木材资源丰富，还有很多手艺精湛的瑞典移民，詹姆斯敦成了世界家具之都。虽然小城周围的橡树、槭树和北美乔松林已被大肆砍伐，以供肖达匹河畔家具厂之需，但是詹姆斯敦城南的这个街区公园——"百亩园"，却逃过一劫。

那个周六的早晨，也就是被很多人奉为美国观鸟活动诞生日的那个早晨，年少的彼得森和他七年级的老师布兰奇·霍恩贝克及几个同学到百亩园参加户外活动。霍恩贝克小姐成立了一个少年奥杜邦学会，成员们放学后会面，一起学习奥杜邦学会的教育手册，并尝试临摹 E. H. 伊顿所撰写的两卷本《纽约州鸟类》中的鸟类绘画。詹姆斯敦市刚以 10 美元购得百亩园，资金部分是靠筹集学生们的零花钱。彼得森和朋友在园中游逛，看到树干上有一只鸟，认出是扑翅䴕（现命名为北扑翅䴕［*Colaptes aurates*］），这件事将会改变彼得森的一生。他后来写道：

> 它的头伸在覆羽之下，也许是因为迁徙而精疲力尽，我们却以为它死了。我们站在那里盯了一会儿，仔细观察那美丽的羽毛。当我伸出手触摸鸟背，它刹那间活力四射——真是令人惊艳的景象，翼下金色的覆羽和后颈上红色的新月形斑一闪，它飞走了，从我们以为是死亡的状态中满血复活。我为一只鸟如此热烈的生命、它绝妙的飞行能力和因此而拥有的自由振奋不已，当时的感觉我到现在还记得。[1]

另外一个时刻也许同样重要，那是在一次课后的鸟类临摹活动中，彼得森画了一幅冠蓝鸦的水彩。日后他回忆起来，当一名鸟类画家的想法就是从那一刻产生的。

无论怎么看，彼得森的青少年时期都是艰难的。家里一向入不敷出，他的父亲是第一代瑞典移民，十岁就开始工作，对于儿子萌发的博物兴趣耐心有限。观鸟和收集蝴蝶怎么可能带来餐桌上的食物？也许是为了迎合父亲务实的世界观，彼得森去了"全国家具公司"上班，他的工作不是画鸟，而是在漆器橱柜上绘制中国风的图案。幸好一个经理觉得他很有发展前途，鼓励他去上艺术学校。于是在1927年，彼得森离开詹姆斯敦前往纽约城，开始在纽约艺术学生联盟上课，后来去了美国国家设计学院。彼得森的素描和绘画技艺不断精进，为了支付学费开销，他也依然在做家具装饰。业余时间他还常去美国自然博物馆，在那里开始接受最初的正式鸟类学教育。1931年，彼得森搬到波士顿地区，在一所很有名望的男校里弗斯高中教书，在这里他第一次有机会和学生分享对观鸟的热爱。白天，彼得森是一名敬业的老师；课后，他挤出时间从事鸟类主题的绘画和写作，这是他无比着迷的爱好。业余时间的努力成就了他的第一本书《鸟类野外手册》，这本书将会产生深远的影响，改变人们对大自然的体验方式。出版经纪人拿到这份附有大量插图的手稿后，四处寻求出版的可能，却被四家出版社拒绝。最终彼得森带着作品亲自找到波士顿的霍顿·米夫林出版公司，他们决定冒一次险。1934年的初版印了2000本，不到一个月就已售罄，一本鸟类题材的书，在经济大萧条时期有这样的销售业绩实在可观。（彼得森的野外手册丛书后来总共售出超过700万本，很多版本到今天还在印。）罗杰·托利·彼得森默默地创造出一种全新类别的自然书籍——野外手册，这类书籍推动了美国观鸟活动的普及，大幕已经拉开，到20世纪中叶，奥尔多·利奥波德和蕾切尔·卡森等环保领军人物将唤醒美国公众的生态意识。

彼得森的新型野外手册令无数观鸟者获益，而在亚利桑那州，一只名叫"塔达酱"的雌性混种虎斑猫却在互联网上掀起了新一轮的无聊风气，足以证明"油管（YouTube）"的确是浪费时间的最好去处。塔达酱更知名的绰号是"臭脸猫"。它的嘴角永远下弯，看起来总是阴沉暴躁的样子，但实际上是因为发育不良，咬合不正。在猫主人和一个经纪人的帮助下，塔达酱在2012年首次亮相，一跃成为主流明星，在《华尔街日报》和《纽约》杂志上都登上了头版，做了封面故事的主角，还在安德森·库珀的新闻报道中露了一脸，更不用说脸书上疯狂的850万个点赞。"臭脸猫"做了些什么能够集万千宠爱于一身呢？在一个视频中它仰面朝天躺着，另一个视频中它伏在地上，第三个视频中它在打哈欠。就这样，"臭脸猫"和它的随从在不同性质的社交媒体上声名远扬，它那紧锁眉头的标志性形象不断增值，滋生出一部有线电视电影和两部畅销书，当然，还有一种以它命名的冰咖啡饮料：Grumppuccino。

"臭脸猫"的成功凸显了美国人民对于猫的喜爱和迷恋有多么强烈。也许唯一一种比猫还要让我们热爱的就是互联网"meme"（网络文化创意），它放大和强化了对猫的热情。然而从前，并不那么遥远的时候，猫还没有赢得人们的喜爱，更不会在家中占据一席之地。本书第二章提到，家猫和人类建立的关系经过了1万多年的发展，这段漫长的历史并不总是一团和气。猫让人爱也让人恨，让人崇拜也被人定罪。人们把猫当作防治有害生物的能手，也把猫置于生活的中心。有充足的史料证明猫在古代埃及文化中具有重要地位。埃及猫之所以能赢得人类的尊重，原因可能和维多利亚时代的猫一样，它们减少了谷仓周围有害动物的数量，还能击败偶尔来犯的眼镜蛇。根据记载，杀死一只猫会被判死罪。人们膜拜的女神贝斯特是丰产富饶的象征，她常被塑造成一只家猫。在以贝斯特命名的节日庆典上，成百上千只猫作为牺牲献祭，被制作成木乃伊埋葬在墓地里。而在猫身上投射对女性的欲望，这种想象一直延续下来，正如滚石乐队那首《流浪猫蓝调》。

欧洲中世纪时，猫的形象明显有了负面色彩。猫的夜行性让它常和巫婆、魔鬼紧密联系在一起，结果遭到残忍的捕杀。在 15 世纪的比利时小城伊普尔，人们对猫的憎厌上升到了新的高度，导致了一个与其说是"猫节"，毋宁说是"反猫节"的产生。小城的滑稽小丑将活生生的动物从钟楼上扔下去，庆祝活动也在这一刻达到高潮。这个节日一直持续到 1817 年。

20 世纪来临时，猫不再被视为邪恶的化身。但是在此时的美国，猫的角色与其说是伙伴，不如说是劳工。农场主和其他乡下居民养猫以遏制小鼠、大鼠和其他有害动物。我们要记得，1900 年大多数美国人还住在乡下，他们不太可能在壁炉前或卧室一角给一只虎斑猫铺好小窝。乡间的猫在谷仓或门廊上的纸箱子里暂时栖身，除了偶尔得到一碟牛奶或是受邀倚在壁炉前，大部分时候都要自谋生计。然而社会正在发生变化，猫的位置将会因此从户外移至室内，猫和人类生活的纠缠将更紧密。

20 世纪初的年月，美国最具标志性的变化是人们离开乡村和小镇，涌进城市，城市提供的产业工作吸引着数千万人。大多数城市移民只能住进拥挤的公寓房间，一家人的空间都不够，更不用说宠物。况且在一个明显的非农业环境中，没有太多防治鼠害的需求，尽管公寓楼里不乏啮齿动物的存在。除了空间问题，还有几种出于实际的考虑，这让城市居民家中养猫的做法延后了几十年。首先是食物。猫需要高蛋白饮食，如果没有在户外捕猎的机会，肉食就会不足。而那时没多少家庭有余钱为宠物提供额外的蛋白质来源。无法在外活动带来了第二个问题，假设你的猫咪食物足够了，但它在哪里排便和撒尿？猫砂还没有发明出来，住宅空间狭窄，很少有城市居民愿意忍受猫的屎尿臭味和肮脏。公寓养猫的第三个障碍是数量过多的风险。宠物的卵巢和睾丸切除手术要到1930年代才会出现。公寓居民养的母猫一旦发情，或者郁闷不堪，或者生出一堆猫崽（前提是家里还养了一只公猫，或公寓楼里有未被锁在家中的公猫）。猫每年平均生三窝小猫，一窝平均四到六只小猫。小猫出生后仅四个月大就进入发情期，所以猫的数量增长得无比迅速！

在美国的城市中，猫并不是陌生的来客。狗在20世纪更早的年代就已经是常见的家养宠物，但猫不同，它们在城市寓所中的位置更模糊不清。凯瑟琳·格里尔撰写了一本信息丰富的著作《美国宠物史》，在书中将猫描述为独立的协约者。它们是为人重视的捕鼠能手，尤其是在城市的养马场附近，那里有食物，因此也有鼠害。不过一般情况下，猫不会因为上述原因就成为家庭的全职成员。当然也有例外：马克·吐温就是爱猫之人，有人曾看到他带着一只叫"懒懒"的家猫散步，猫儿绕在他脖子上，活像一条长围巾。当公众关注的问题转移到卫生和秩序上，城市"流浪猫"的数量就成了问题。户外生活的猫被视为疾病的传播者，会对公众健康构成威胁，结果被大量扑杀。这种残忍的方式引起了部分市民的忧虑，他们试图寻求更加温和的控制手段。"波士顿动物救援团体"和纽约的"拜德为"动物收养中心发起了领养流浪猫狗的活动，并倡导更为仁慈的安乐死。

罗杰·托利·彼得森创作野外手册的时候，杀死动物完全不在他的考虑范围内。在这一点上，他和该领域的前辈约翰·詹姆斯·奥杜邦有显著的不同。奥杜邦的《美国鸟类》是在 1827 年到 1838 年这 11 年间陆续出版的，彼得森的书虽然有同样的主题——美国鸟类，但相似之处仅限于此。《美国鸟类》这套书称不上小巧轻便，最初的版本竟有 90 厘米长，超过 60 厘米宽！售价也不低廉，一套初版书在 1830 年的美国要卖到 870 美元（相当于 2015 年的 6 万美元左右）。相比之下，1934 年版的《鸟类野外手册》轻便易携，零售价只要 2.75 美元。而彼得森的著作与奥杜邦及其他前辈的作品最大差别在于内容。早期这些鸟类画家先将鸟射死，然后用金属丝和其他材料将鸟"摆好姿势"，画出的作品华丽逼真。事实上，一直到 20 世纪早期，很多鸟类爱好者都将观鸟等同于猎鸟。19 世纪 70 年代美国著名的鸟类学家埃利奥特·科茨给观鸟人士提出了以下建议："双管猎枪就是你最重要的依靠。如果负担得起，就买最好的枪。这样才能实现一个特殊的目标——打死鸟儿，但对羽毛的损坏最少。开始吧，射击你遇到的每一只鸟。"[2]

彼得森的画作也足够精美，但特别之处在于强调了每种鸟的指示性标志，即"野外标志"。如此一来，远远地看到某种鸟，也能较容易地将它和相似的种类区分开来，加以辨别。画作中用箭头特意标出野外识别标志，比如"白额雁的粉色鸟喙、面部的白色斑块和腹部大小不一的黑斑"。业余的博物学家们不再依靠枪支火器来和鸟类产生联系，而是携带一本彼得森野外手册和一个望远镜。他们的身份不再是猎杀者，而是观察者，用望远镜观鸟几乎可以随时随地进行。

彼得森这一突破性的创举，灵感既不是来自纽约艺术界，也不是来自波士顿纳托尔鸟类学俱乐部的"贵族成员"——这个俱乐部当时是美国最优秀的观鸟团体之一，彼得森也是其中一员。灵感实际上来自彼得森儿时如饥似渴阅读的一本书——欧内斯特·汤普森·西顿的《两个小野人》。该书写于1903年，讲述了两个加拿大男孩扬和山姆的历险故事。他们只要得空就偷偷钻进树林，想象印第安人原本的生活方式。彼得森很认同扬这个角色。在名为"扬是怎么从远处认出鸭子的"的一章中，主人公发现了当时鸟类文献的突出弱点，那时是世纪之交，但这个问题同样适用于1933年：

> 扬遇到很多困难，没人帮得上忙，但他还是一直读啊读啊……还做一些笔记。只要学到新的知识，他就死死抓住不放。不久以后，扬得到一本书，有点用处，但用处不大。书里写鸟的那种角度，就好像是你正把它们握在手里。可我们这位英勇的少年只是在远处看到鸟就被打动。有一天他看到池塘里有只野鸭子，可是离得太远，只能看清一些色斑。但他还是画了速写，后来根据这幅粗略的速写认出是一只鹊鸭。就这样，这个聪明的男孩有了个好主意。鸭子有很多不同的种类，每一种都有标志性的斑点和条纹，就像是士兵的制服。"现在，要是我能把鸭子的

'制服'都画在纸上，那我只要远远地看到池塘里的鸭子，马上就能认出来。"[3]

彼得森经常提到扬的鸟类识别方法对他的影响。事实上，在《鸟类野外手册》1934年、1939年和1947年的版本中，他都在前言中援引了这段描述。

"罗杰·托利·彼得森在书中展示了识别栗颊林莺需要注意哪些特征，这让观鸟成为普通大众也能从事的活动。"《观鸟者文摘》杂志编辑和出版人比尔·汤普森这样评论，"你不再需要猎枪。几乎每个人都能买到一本彼得森的手册。有了野外手册，你看到的就不仅仅是一只鸟，而是一只冠蓝鸦。野外手册还推动了观鸟团体的发展壮大。观鸟活动就像电话或农村互联网服务，把人们联结在一起。"[4]

诺贝尔·普罗克特曾获得2013年美国观鸟协会颁布的"罗杰·托利·彼得森观鸟事业推动奖"，在他看来，彼得森的野外手册直接促成了环保运动的兴起：

> 野外手册让美国人真正意识到鸟类的存在，启发了我们关于环境的思考。除了乌鸦、知更鸟*和"一堆棕色的小鸟"，还有很多不同种类。这部手册鼓励人们仔细观看，并给予回报，人们的意识因此转变为知识。你想出去拯救任何东西，都得先知道它是什么。先了解事物的名称，再投身其中，第一步是不可缺少的。[5]

---

*　原文作 robin，对应的是 American robin（*Turdus migratorious*），正式的中文名为旅鸫。此处按俗名翻译为知更鸟。

每个运动都需要一篇宣言，《鸟类野外手册》就是美国观鸟运动的催化剂。在其他因素的共同作用下，观鸟活动渐渐发展为一项大众业余爱好。其中一个因素是可以买到高质量的光学器材。野外手册初版面世的时候，很多观鸟者使用的双筒望远镜是家中的军人亲戚淘汰下来的。光学技术的进步——有些是在第二次世界大战后美军占领德国时获得的——使观鸟者能以更低廉的价格购得更好的双筒望远镜和观测镜。二战后美国在文化和经济上的发展也促进了美国人观鸟的热情。越来越多的工薪阶层拥有了汽车，大批美国家庭从城市中心迁到郊区。郊区的房子都有前庭后院，可以扔橄榄球，烧烤汉堡包，还可以放置野鸟喂食器。到1950年代，美国社会普遍富裕，人民的生活水平有所提高，中等收入人群也比以前拥有更多闲暇，可以培养像观鸟这样的业余爱好。人们可以开车去更远的地方观鸟。

　　非观鸟人士也许会问，何必小题大作，鸟类有什么魅力呢？比尔·汤普森思考过这个问题：

　　　　是它们绚丽的羽毛吗？是它们超凡脱俗的歌声吗？还是它们的求偶仪式、对伴侣和后代的忠诚？这些美好的理由都能解释人们为何热爱观鸟，但是我觉得答案甚至更为简单。说到底，鸟类亿万年来都在做一件人类仅在过去一百年里才学会的事情——飞行。鸟类最吸引我们的一点就是这种自由、这种飞行能力。我们被绑在大地上，鸟类却不是这样，它们无视重力的羁绊，我们也希望实现这种梦想。因此我们充满惊奇地观看鸟类，四处搜寻它们的身影。[6]

凭借飞行，某些鸟类在一年两次的迁徙中能够横越数千英里。也许正是这种迁徙深深吸引着数百万名虔诚的观鸟者，俘获了他们的想象。鸟的迁徙能够跨越半个地球，有些种类几乎跨越两极。它们有时数万只结群飞行，有些只在夜晚飞行以躲避天敌。尽管是长途飞行，它们每年仍能回到同一地点，和上一年越冬和繁殖的地点相差不到几百码。在世界各地，年年春秋两季，数十亿有着羽翼的"活鱼雷"往来于空中，以我们并不完全了解的方式将不同文化、国家和大陆连接起来。候鸟从热带丛林飞过温带和寒带森林，又飞过草原、沙漠、沼泽，飞到我们的后院。无论鹰还是秧鸡，也无论滨鸟还是鸣禽，这些非凡的行者都是终极旅行家，它们似乎总在前行，行囊空空，飞行只为生存，偶尔歇脚补给能量。观鸟者唯有伸长脖颈，手持双筒望远镜扫视，捕捉鸟儿一掠而过的身影，追寻它们神秘的行为。

很多鸟儿充满异国情调，但它们也如此常见，我们很容易就能与其建立联系。无论是在后院还是远方，观鸟把我们和大自然联结在一起——这是一种在现代社会日益稀薄的联结。理查德·洛夫[*]创造了"自然缺失症"这种说法，用来描述美国人，尤其是儿童和自然界日渐疏离的情形，还有这种缺失导致的行为问题，如注意力缺乏、焦虑和抑郁。在观鸟时，人们为了辨别鸟类要同时调动感性和理性，必须全神贯注地观察和聆听，再处理收集到的外部刺激，由此确定观察到

---

[*] 理查德·洛夫（Richard Louv）的经典著作 *Last Child in the Woods: Saving Our Children from Nature-Deficit Disorder* 出版于 2005 年，书中以大量证据支持他的核心观点，即与大自然直接接触是儿童身心健康发展的必要因素，很快在全球范围内掀起了让儿童重归大自然的运动。中文版《林间最后的小孩：拯救自然缺失症儿童》由"自然之友"团队编译，2014 年最新版由中国发展出版社出版。

的是哪一种鸟。在某种程度上，每次鉴别都是一个亟待解决的挑战、谜团和难题，和每一个新的鸟类物种的相遇都是一个验证假说的练习。观鸟也满足了人类固有的欲望，即收集、保存和竞赛，看谁观察到的鸟种最多。观鸟还可以是游戏。这种游戏在 19 世纪晚期以射杀和制作标本的形式呈现，到了今天，它的表现形式是鸟类记录——在推特（Twitter）上竞相发布稀有鸟种的目击和地点记录，或在针对观鸟群体的新型线上鸟类数据库 ebird 上编辑最庞大的目录。

观鸟者在流行文化里没有地位，常常被塑造成古怪的角色，要么就是轻度疯狂。电视系列片《豪门新人类》（*The Beverly Hilbillies*）的粉丝也许还记得简·海瑟薇小姐，那个永远穿着粗花呢的角色。就连斯蒂夫·马丁、杰克·布莱克和欧文·威尔森这样的明星阵容，也没法让 2011 年的喜剧电影《观鸟大年》中的观鸟活动显得时尚一点，或许这个业余爱好确实不能在屏幕上成功地呈现。观鸟者真的是不值得重视的、不合时宜的边缘人吗？ 2011 年美国鱼类和野生动物管理局做了一个调查，主题是观鸟的经济效应。结果表明，无论是严肃的观鸟者还是随意的观鸟者，他们都比我们所预期的更为主流。实际上这些人可能是你的近邻，或者跟你家只隔了几栋房子。调查最终发现，美国 16 岁以上的活跃观鸟者有 4700 万人之多。美国鱼类和野生动物管理局对观鸟者的定义是这样的：在住家周围仔细观察或者试图辨别鸟类，或是到离家一英里或更远的地方旅行，主要目的是观察鸟类的人。这千百万个鸟类爱好者都是谁呢？其中 88%，即 4100 万人，是后院观鸟者，他们会在屋外放置几个喂食器或一块板油，在早餐的边桌上摆一本鸟类图鉴。余下的 600 万人会出门旅行观鸟，此外还有

1200 万不定期的观鸟者。和一般美国人相比，观鸟者的年龄偏大一点，通常收入更高，教育水平更高，女性人群稍多一点，白人人群数量多得多。人均而言，农村居民比城市居民更容易成为观鸟者。南方各州的居民比中西部、东北部和西部的居民更容易成为观鸟者。

美国的"鸟人"和普通观鸟者们在一些团体中找到了归属。美国观鸟协会有约 1.2 万名成员，美国鸟类保护协会有 1 万名成员，康奈尔鸟类学实验室有约 7 万名成员，美国奥杜邦学会有超过 464 个州级分会，在全国有 45 万名成员。还有很多州一级的奥杜邦组织，但它们不隶属于美国奥杜邦学会。美国奥杜邦学会的活动不仅仅是组织野外观鸟，成员们还参与草根社会活动和环境恢复项目，开展"公民科学"活动，其中最著名的就是一年一度的圣诞节鸟类统计。这个组织还资助栖息地保护项目，聘用科学家和政府说客来起草和制定保护方案，并通过各种手段积极教育公众，如成立奥杜邦中心和发行《奥杜邦杂志》。2014 年，美国奥杜邦学会花费近 7400 万美元来支持保护工作，并把近 1 亿英亩的栖息地纳入保护范围。

观鸟这项业余爱好的兴起既有政治效应，也有经济效应。2011年，美国观鸟者在旅行（食物、住宿和交通）上的花费估计为 150 亿美元，在装备（双筒望远镜、相机和宿营装备）上的花费估计为 260亿美元。这些花费的行业产出总量，即所谓的经济连锁反应，多达1070 亿美元。

作为经济引擎，猫也不甘示弱。彼得森野外手册这样的新产品和更高质量的光学仪器助长了美国观鸟文化，而猫食罐头（还有保鲜冰箱）这类现代产品和食品工艺的进步，也为收入有限的人们在家中养猫提供了更多便利，节省了成本。1940年代晚期"发明"的猫砂（其实是漂白土，这种黏土能够大量吸收猫尿的氨气味），让室内养猫这个风险项目更加有趣。兽医行业的重心越来越倾向于小型动物，在某种程度上推动了卵巢和睾丸切除手术的进步，因此在家里养猫的前景更加美好，也更容易操作。

如今已经进入21世纪，美国养猫的人数达到了历史新高，据估计有9000万只宠物猫居住在4600万美国人的家中。据美国宠物食品协会统计，2000年到2013年，美国的猫食营业额从42亿美元增长到67亿美元，增幅近60%。养猫人数的激增也和社会趋势的发展有关。美国的城市化范围扩大了很多，80.7%的人口（超过2.49亿人）在城市或城市附近居住，我们和野生动物及它们所在的自然界更加疏离。家养宠物则满足了人们与野生动物建立联系的内在需求。美国的单人家庭数量也在增加，在所有家庭中所占的比例从1970年的17%增长到2012年的27%（人数将近3200万）。猫能给独居之人做伴，还无需带出去遛或者铲屎。

"在我看来，作为伴侣动物，猫的魅力部分源于这样一个事实：它们自身野性尚存。"莎伦·哈蒙若有所思地说，她是俄勒冈爱护动物协会的会长兼首席执行官。"猫并不是很驯顺，它们回归野生状态只需要一代的时间。而我们对这种野性欣然接受。"[7]养猫的人很喜欢讲述他们为什么选择猫做伙伴，正如Catster网站上一个粗略的统计所示：

- 作为闹钟，它们比任何钟表或"贪睡按钮"都管用。

- 它们是聊天对象，有时还会聆听。

- 它们每天吃一样的东西也没有怨言。

- 你在它们面前像婴儿一样说话，也不会觉得傻。

- 你无需带它们出门方便。

- 它们知道你什么时候想多一点抱抱。

- 它们独自在家一整天，房子也完好无事。

- 它们会把任何东西当成玩具。

- 它们无条件地爱你……只要你记得喂食。

- 为了抓住玩具，它们会在空中飞起，旋转身体，做出疯狂的体操动作。

- 它们是工作之余最好的消遣。

- 当然还有用激光笔逗猫玩。[8]

也有证据显示养猫有益于主人的生理和心理健康。在猫族的陪伴下，有些人的血压会降低，情绪也有所改善。宠物（包括猫和狗）还被用来治疗有缺陷的儿童（最著名的是 PAT 方案，即 Pet As Therapy，宠物治疗）。那些不愿与人交谈或被人触碰的孩子见到猫后面露喜色，主动开口和这些猫伙伴说话，还抚摸它们柔软的毛，令人欣慰。

像塔达酱这样"有主"的猫，还有其他类似的猫（尽管收不到850 万个"赞"），过着备受宠爱的室内生活。形成反差的是，在美国估计有 6800 万到 1 亿只"无主"的猫，过着惨淡的户外生活。这些猫和野生鸟类的生活轨迹冲撞时，结局往往对鸟类不利。没有兽医护理的无主之猫很容易患上疾病（包括猫白血病、肾衰竭、猫泛白细胞减少症、瘟疫、狂犬病、弓形虫病，在后面章节中还会详述），也很容易受到其他动物的攻击，尤其是郊狼，此外还有鹰、猫头鹰、狐狸和浣熊。户外猫经常遭遇车祸，这是它们最常见的死亡原因。能活到成年的会面临上述风险，但是据估计，在户外出生的小猫50%—75%会夭折，有时是冻死，还有时是因为寄生虫病和其他疾病。如果一只户外猫能活到成年，在没有人定期喂食及提供临时猫窝的条件下，平均寿命是两年。有人照料的户外猫寿命要长得多，平均为十年。而一只室内生活的猫平均寿命为17年，随品种而有所不同。

估测一只户外猫的幸福状态是不可能的，但我们对这些动物的习惯大致有些了解。有些在户外生活的猫，尤其是真正回归野生状态的，对人并不友善，拒绝与人类有任何互动。其他走丢了或是被抛弃的流浪猫会寻求与人类建立联系。部分倚赖人类照顾的户外猫常会聚集在一处，或形成聚落。这种聚落通常以母系成员为核心，公猫和那些不依靠人类援助的猫更多是独居的。户外猫的日常活动大致取决于食物的多寡。在日本的相岛，岛上的垃圾堆为猫提供了可靠的食物来源，据观察，这些猫每天的休息时间长达19个小时。在澳大利亚南方，气候相当干燥，食物来源短缺，一些在户外生活的猫总是不停迁移，足迹可达50平方英里。而在美国的一个郊区，户外猫会四处串门，从一家的门廊晃到另一家——惦记它们的人在那里放置了食物——若有机会也顺便抓只鸟雀或是老鼠。和它们的野生兄弟一样，这些户外猫也是在光线较暗的时候最为活跃，特别是黎明和黄昏。在都市和城郊户外生活的母猫尤为如此，大概是想回避人类。

我们与户外猫的关系颇为复杂，到今天，这一点甚至延伸到我们对它们的称呼。美国爱护动物协会的一份白皮书指出，在相关主题的科学文献中，用来描述户外猫的词语有三十多个，既有"野化""入侵"，也有"宠物"和"家猫"。我们对这些猫的定义受到社会学和生物学两方面的影响——它们为谁所有，在哪里打发时间。"野化"这个词常常用来描述所有户外生活的猫，但严格意义上只应用于那些彻底回归野外的猫，它们不再依靠人类提供任何食物或栖身之地，而且排斥和人类的任何一种互动。对于城市或郊区环境中遇到的户外猫，还有一些描述如"半有主的""街头的""流浪的""聚落"和"社群"，都意味着对人类一定程度上的依赖，因此更为准确。将水搅得更浑的还有一种情况，很多"家猫""宠物猫"或"有主的猫"都获准在户外游逛，有些想待多久就待多久。国际陪伴动物管理联盟将人与猫的关系定为三类：有主、半有主和无主。基于本书的意旨，"自由生活的"*似乎最适合指代至少部分时间待在户外的各类猫，因为这个词描述了动物随心所欲四处活动的状态，但对它们与人类的互动（或是缺乏互动）不作假定。

不管怎么称呼，在美国，这些户外生活的猫数量不断增长，弃猫行为就是一个重要的因素。《纽约州农业和市场法》的第 355 号条款这样定义遗弃：

> 动物的主人、拥有者，或对动物有监管权的人，如将它们遗

---

* 原文作 free-ranging，本义为家禽家畜可在户外自由活动，而不是囚禁于室内的养殖方式，即放养。但在本文中这个词也指代没有主人的流浪猫，所以此处译作"自由生活的"，为行文简练、避免过多重复，后文中常用"户外猫""户外生活的猫""流浪猫"代替，偶尔根据上下文会译作"放养猫"。

弃，或任其在街头、马路或公共场所死去，或是在收到动物已致伤残的通知后超过三小时，任由已经伤残的动物在街头、马路或公共场所死去，即犯有不良行为罪，可判处不超过一年的监禁，或处以不超过一千美元的罚款，或两种刑罚并行。[9]

没有什么方法能够准确地计算被遗弃的动物数量，人们不会吹嘘这种奸诈的行为（很多地方的法律定义为犯罪），但是根据美国防止虐待动物协会（ASPCA）的报告，全国每年有 600 万到 800 万伴侣动物（多为猫狗）被收容所接收。它们被遗弃在公园、高速公路收费站、大学校园或是主人已经搬离的旧居。根据宠物群体和政策全国委员会的一项研究，猫被遗弃的原因很多，包括家里宠物猫过多、过敏问题、搬迁、养宠物的花费、房东的问题、新生猫崽无法找到住家、房间清洁问题、个人问题、设施不足以及猫与其他宠物无法相处。很多遗弃者可能认为猫能够照料自己，然而大多数猫都不能。由于遗弃行为本身的性质——它们常在夜色的遮蔽下被遗弃，或是丢在一个偏僻的地方——再加上猫无法为自己作证，因此大部分遗弃者犯下恶行却没有受到惩罚。在理查德·布劳提根的短篇小说《鸡的善举》中，他为遗弃者的残忍构想了一种新奇的惩罚。故事的叙述者在一个休息区目睹一只狗被主人遗弃，于是他根据那人的汽车牌照信息追踪到住址，雇了一辆自卸车，把一吨鸡粪倒在遗弃者的房屋门廊上。

户外生活的猫在不同的人群中间出没，引发了强烈的冲突。有些人关注的焦点是猫那些更具破坏性的行为，比如在别人家屋外挖土、排便、标记性排尿，母猫发情期叫春、打斗，以及捕食被喂食器吸引来的小鸟。但另一些人对流浪猫付出热切持久的关心。这些人有时被称为"聚落照料者",他们给猫喂食喂水,偶尔也为猫提供栖身之处,有时还会带它们去看兽医(包括做卵巢和睾丸切除手术),常常自己掏腰包支付费用。有些人是临时照料,比如在公寓小区的院子里或是工具棚的外面放一盘剩饭或猫粮。有些人则是依从一种更有体系的照料方案行事,这些方案是近年来兴起的上百个扶助流浪猫的公益组织制定的。不管提供的是哪种类型、哪种程度的照顾,这些人都是出于真诚的怜悯之心,在他们眼中,这些有知有觉的动物饱受生活的艰辛。

"街猫联盟(Alley Cat Allies)"就是一个这样的公益组织,自称"全国唯一一个致力于保护和人道对待猫的宣传组织"。其他类似的组织也有,不过"街猫联盟"无疑呼声最高,得到的资助也最多。组织的行动包括争取资金和场地,以保存关于动物接收和杀害比例(为了更有可能追责)的公共档案;动员和教育公众杜绝杀猫行为,保护和改善猫的生活;为流浪猫的照料者提供信息交换场所。"街猫联盟"并不是一个孤立的草根机构;它号称有50万资助者,在流浪猫的福利问题上很有发言权,而且态度激进;年度活动经费预算约为500万美元。成员们热情投入,信念坚定。遗憾的是,他们的大部分行动未能意识到至少两个事实:让猫在户外自由游荡,一是会导致大量鸟类、两栖动物、爬行动物和小型哺乳动物寿命减短,猫自己的寿命也减短;二是户外的猫会传播疾病,不但影响到野生动物,也会影响到人类。这些问题将在第四章和第五章详述。

并没有多少猫群照料者愿意谈论他们的善举,或将外人纳入他们的团体。公益组织不愿分享成员的身份信息，也许是出于谨慎，担心某种形式的暴露或是受到惩罚。确定了身份的猫群照料者自己通常同样躲躲闪闪，似乎害怕外人会伤害猫群的成员，因此地点最好保密。设在多伦多的一个叫作"动物公正"的组织，创作了当地几个猫群照料者的人物特写。这些特写发布在组织的网站上，让人们进一步了解这些照料者及其动机。

罗宾·S.

在多伦多的猫救助者、野猫聚落照料者和爱猫人士中，罗宾小有名气。过去七年，罗宾救助了很多野猫/流浪猫，把它们带到安全而温暖的永久家园。守护猫群所需要付出的努力远远超出多数人的想象。罗宾说，她每天都会去她负责的聚落投喂野猫，圣诞节也不例外，它们的生存完全依赖她。有时，街区里讨厌野猫的人会骚扰猫群的照料者。为了尽量减少麻烦，罗宾总是等猫进食完毕，就把空盘子带回家里，以免造成环境脏乱。她的汽车后厢里总是堆满几口袋需要清洁的盘子。比人们的敌意更让人沮丧的是在外流浪而无助的猫数量太多。大部分猫都曾经是某个人的伙伴，却被遗弃或是走丢了。罗宾说，除非人们都能给猫做绝育手术，并对宠物真正负起责任，否则野猫/流浪猫的数量只会持续增长。

"我不想坐视不管，"罗宾说，"这世上的事情我没法样样帮忙，但是我只想尽我所能救助每一只猫。这是我凭自己的能力、时间和精力可以做到的，我能让情况有所不同。我看到那些猫的生活因此而改善。"[10]

埃尔德·D.

每天上午工作结束后，埃尔德去给五个聚落的野猫喂食喂水。他这样做已有五年了。一切都是从一个寒冷的冬日早晨开始的，那天他发现了一窝无家可归的小猫。前一天晚上，小猫被雨淋得湿透了。夜里降温，小猫就在一辆废车的座椅上栖身躲雨。早上，埃尔德发现小猫和汽车座椅冻在一起。从那天起，不管日晒雨淋，埃尔德尽心尽力地照顾着规模日益壮大的五个聚落，为一代又一代的野猫和弃猫提供食物、饮水、栖身所，付出关爱。他还捕捉聚落里的猫，带它们去做绝育手术，好让聚落里猫的数量慢慢减少。对于那些被主人遗弃、被世人遗忘的猫，埃尔德和他的五个聚落是最后的庇护所。

"我希望其他人也能加入这个行列。打电话给多伦多人道协会，打电话给多伦多街猫组织……到那儿去给猫的笼子清理一下，给猫喂点食，不管做点什么都好。帮它们一把，世界会变得更好。"[11]

弗朗西斯卡·C.

弗朗西斯卡将她的车库改装成了康复中心，专为被遗弃的小猫和野猫提供社交机会。问题是，被遗弃的母猫未做卵巢切除手术，很快就怀孕了。手上有一只被遗弃的猫，还一下子多了半打从未接触过人类的小猫，虽然它们在街头待不了多久，但是没有和人类接触过的猫崽很难找到收养家庭。于是弗朗西斯卡把猫和猫崽安置在她的车库里，除了给予基本的照料，还有关爱、交际的机会，都是它们最需要的。从街头生活到拥有温暖的永久家庭，猫儿艰难的过渡期在弗朗西斯卡的帮助下轻松了很多。她在约克地区救助和照顾着很多野猫，同时也是"约克地区野猫福利"组织的成员，这个组织向公众宣传相关知识，并筹资扶助野猫，支持照顾野猫的人。

"人对这些生灵应当抱有同情，因为我们不是这个星球上唯一的居民。我们和其他生物共享地球，所以需要相互协作，尽力而为。"[12]

毫无疑问，这些人照料流浪猫是出于好心。他们慷慨地付出自己的时间（常常也包括金钱）来照顾这些生灵，而我们很多人选择忽视，甚至做出更糟糕的事——无情地弃之不顾。在户外猫权利的倡导者看来，每一个动物——小猫、母猫或公猫——它们的权利都是最重要的。如果在户外生活是唯一的选择，他们想让这些猫过上最"快乐"的生活。他们承认问题始于人类自己，希望能够部分减轻我们这个物种强加给其他动物的伤害。

遗憾的是，猫群照料者（以及支持他们的组织）在倡导户外猫权利的时候，未曾考虑整个生态系统的健全和野生动物的权利。猫天生是投机的捕猎者，如果有机会杀死一只鸟或其他小动物，大多数猫都会这样做，这就是它们的本能。也许这种机会一天出现一次，或一周出现一次，也许它们只有四分之一的时候能够成功。但是加起来，一年总计有数十亿的两栖动物、爬行动物、鸟类和哺乳动物因此丧命，足以影响整个物种的安康。很多"护猫者"会激烈地反对自由放养的猫导致鸟类数量剧减的说法，同样也会否认这些猫给其他哺乳动物甚至人类传染疾病。但是，面对猫群对岛屿生态影响的证据，面对自然科学领域兴起的有关猫群对大陆生态影响的研究，他们的道听途说和否认都显得苍白无力。

　　　　　　　　　　　　流浪猫战争：萌宠杀手的生态影响

第四章　关于物种衰落的科学

很少有问题像地球生物资源的加速消失这样，意识到的人最少，影响却最重大。人类将其他物种逼至灭绝的同时，也是在锯掉自己歇脚的枝干。

——保罗·欧立希

尽管爱德华·豪·福布什缺少今天的科学家拥有的定量工具，他依然意识到了野外的猫会给鸟类带来怎样的威胁。福布什1858年出生于马萨诸塞州，在昆西、西罗克斯伯里和伍斯特三地长大。他年纪轻轻就成了一位满腔热情的全能型博物学家和颇有成就的鸟类学家。在19世纪中叶，马萨诸塞州东部依然森林密布，福布什在自然的怀抱中度过童年时光。他十四岁时自学了标本剥制术，十六岁时已被任命为伍斯特博物协会鸟类收藏的管理者。后来他创立了马萨诸塞州奥杜邦鸟类学会，担任东北部鸟类环志协会（后来改名为野外鸟类学家协会）的首任会长，最终成为马萨诸塞州农业部鸟类学者。福布什最为著名的是他花费四年时间完成的三卷本《马萨诸塞州鸟类》，最终成书于1929年，他于同年去世。直到今天，《马萨诸塞州鸟类》依然被视为新英格兰地区鸟类的重要参考书籍。福布什是一个敏锐的观察家，作为鸟类学者，他的责任之一就是记录鸟类受到的威胁。1916年，他撰写了一篇112页的专题论文，名为《家猫：鸟类杀手、捕鼠动物和野生动物的毁灭者，及其利用和控制手段》。福布什在序言中谈到撰写这篇论文的一些动机：

> 关于家猫是否有益或有用的问题，关于家猫那些多少不受欢迎的户外活动是否该限制的问题，正在引发大量争议。讨论已经进入针锋相对的阶段。医务人员、野生动物保护人士和爱鸟人士呼吁立法者出台限制法案，而热切的爱猫人士奋起反击。在这种激烈的派系争斗中，出现了很多欠考虑的随意的言论。近来有一些支持或反对猫的论断四处传播，其实毫无依据。本文作者的言论常受到争议双方发言人的误引，这令我意识到，在撰写一系列关于鸟类天敌的论文时，出于对猫及其敌友的公正，最好是整理并发表目前所能收集到的有关猫的经济地位以及野猫防治手段的事实。[1]

那个时候，美国东北部很多城镇猫满为患。为了证明问题所在，福布什收集了波士顿动物救援联盟和防止虐待动物协会纽约分会给猫施行安乐死的相关数据。波士顿在十年间杀死了21万只猫，有一天尤为特别，269只猫和猫崽被实施了安乐死。纽约在十年间平均每年宰杀

1.64 万只猫。而在 1911 年，纽约防止虐待动物协会杀死了超过 30 万只猫。这两地被施以安乐死的猫大多来自收容所，而不是户外街头，所以这些数字不一定能反映整个环境中猫的数量。福布什看到一个巨大的问题正在产生。他在另一段文字中写道：

> 猫在森林、空旷的野外和农村地区广为散布，它们消灭鸟类的问题比大多数人所怀疑的更为严重，不能置之不理，因为这和人类的福祉也有重要的关系。[2]

福布什可能对地球上的前五次物种大灭绝所知甚少，当然也不知道自己身处第六次大灭绝之中。但是他的观察具有先见之明。

福布什认为，猫就像一种名副其实的瘟疫在新英格兰散播，而且它们捕食了数量庞大的小鸟和小型哺乳动物。他还写到了猫传播的疾病，特别是狂犬病（见第五章），但这篇论文主要聚焦于猫对环境的直接影响，尤其是捕食鸟类。他在新英格兰各地做了调查，收集了一系列逸事，再将这些信息用于一个简单的模型，来估算更大范围的影响。他从受访者那里听到如下说法：

> 不管谁说"我的猫从不捉鸟"，我都表示怀疑。我曾见过一只活跃的猫妈妈，一季下来在一个果园里几乎吃光了每一个知更鸟窝里的小鸟，哪怕树干上涂抹焦油、装细铁丝网围栏和采取其他预防措施也于事无补。
>
> 格雷厄姆·弗吉先生宣称他的猫每天杀死 3 只左右的鸟。

有个朋友很为她的猫骄傲，那可是个好猎手，十月份在两天里咬死了 12 只鸟并带回家，几乎都是黄腰林莺。

波士顿的查尔斯·克劳弗德·格斯特先生说，有个朋友告诉他，家里的猫抓回了 14 只鸟，给猫崽当早餐。[3]

福布什喜欢在文中加入引言和逸事，一而再再而三，每一则都讲述着同样的故事。福布什计划估算马萨诸塞州每年被猫杀死的鸟的总数。他综合所有联络者的信息，估算出一只猫每年杀死 10 只鸟。他还估算出每个农场平均有两只猫。根据这一点，他估算出 1916 年在马萨诸塞州一地，猫就杀死了约 70 万只鸟。福布什认为这是保守估计，虽然有些诋毁者认为数据过分夸大。福布什的同事乔治·菲尔德博士做了一项独立的测算，估算结果是马萨诸塞州每 100 英亩土地上至少有 1 只猫，每只猫平均每 10 天杀死 1 只鸟。依据这一公式得出的结果是州中每年死亡的鸟类数量约为 200 万。纽约和伊利诺伊的科学家也用他们能得到的数据估算在这两个地方猫每年导致的鸟类死亡数量，结果分别是 350 万和 250.8530 万。福布什 1916 年的这篇论文结语是："在这里，在户外，我们不需要猫这个外来物种。它扰乱了生态平衡，已经成为本土鸟类和哺乳动物的破坏力量。"[4]

福布什发表关于猫的论文的这一年，鸟类保护运动正处在一个特殊的转折期。此时距西奥多·罗斯福连任两届总统（1901—1909 年）任期结束不到 10 年。罗斯福是一位很有魄力的总统，对于物种及其栖息地的保护，他一向充满热情，十分投入。和福布什颇为相似的是，罗斯福终生都是一位博物学家，对户外怀有永不满足的好奇心。他关于大型哺乳动物的知识相当渊博，同时还是一位高阶业余鸟类学家，对鸟类保护有敏锐的问题意识。罗斯福将在白宫附近看到的鸟类和哺乳动物一一记录下来，并收集和制作了很多鸟类和哺乳动物标本（281 只鸟和 361 只哺乳动物，这些标本现存于史密斯学会国家自然博物馆）。他所敬爱的父亲西奥多·"提"·老罗斯福是一位热心的慈善家，也是纽约的美国自然博物馆的创建者之一。罗斯福在其总统任期，利用他的"天字一号讲坛*"设立了 150 个国家森林、51 个第一批联邦鸟类保护区、5 个国家公园和 4 个第一批国家野生动物保护区，从而实现了近 2.3 亿英亩的土地保护。

罗斯福知道 19 世纪中期大海雀和拉布拉多鸭这些物种的灭绝，而且曾亲眼看到美洲野牛、旅鸽和卡罗莱纳鹦鹉的消逝（后两者最终分别在 1914 年和 1918 年灭绝）。罗斯福的密友弗兰克·查普曼被视为美国鸟类学泰斗级人物，他让总统深切地意识到佛罗里达州及周边的南方各州屠杀水鸟（苍鹭、白鹭、朱鹭）的问题，屠杀的主要目的是采集羽毛装饰女帽。很多物种的数量已经减少到岌岌可危的地步。历史学家道格拉斯·布林克里撰写了罗斯福的传记《荒野斗士：西奥多·罗斯福和美国的十字军运动》，他在书中试图传达传主对这一问题的感受："某些鸟种——例如苍鹭、燕鸥和朱鹭——令罗斯福无比着迷。他以总统之名强调：杀死佛罗里达州的一只珍奇鸟类是触犯联

---

* "天字一号讲坛"，原文为 bully pulpit，是一个固定短语，指公众人物或权威能够利用他们独有的地位和机会宣传各种议题。通常认为这个短语是西奥多·罗斯福总统首创的，用于解释他对总统职能的看法。

邦法律的罪行。"⁵

　　在其总统任期，罗斯福将野生动物保护纳入美国公众的关注范围，这是环境保护史上成败攸关的时刻。罗斯福和乔治·伯德·格林内尔、约翰·缪尔、吉福德·平肖（罗斯福最终选定的首位美国国家森林局长官，任期为 1905—1910 年）这类人物过从甚密，他的价值观也受到了深刻的影响。1909 年，罗斯福第二届总统任期快结束时，华盛顿举办了北美环境保护大会。在罗斯福的督促下，加拿大、纽芬兰和墨西哥的代表都出席了会议。罗斯福对候鸟数量减少的问题可能有所了解，他认为各国需共同承担责任。会议结束前，成立了一个包括各国代表的鸟类保护常设委员会，最终将促成美国和英国（代表加拿大）正式签署候鸟保护协议。这项名叫《候鸟条约》的协议签订于 1916 年 8 月 16 日。两年后，即 1918 年，美国国会通过了《候鸟条约法案》（MBTA），确保条约中的规定得以执行。

　　《候鸟条约法案》规定"任何时候，以任何方式狩猎、捕获、杀戮本条约中包括的任何一种候鸟，或出售、购买、投递及托运和运输、携带条约中包括的任何一种候鸟以及这些鸟的任何部位、鸟窝或鸟蛋"均为非法。今天，这一法案保护着 800 种鸟，是鸟类保护史上最重要的一项立法。尽管这项立法实施后挽救了几种被过度捕猎以获取羽毛和肉的水鸟，但是作为法律手段，它还不能保护鸟类免于猫患（我们将在第六章再次提及）。这种法律现状应该也会激怒鸟类学者福布什。在他眼中，与人类猎杀苍鹭和白鹭形成对比的是，猫正在捕猎并危及很多不具明星效应的小型鸟类（及哺乳动物），而这些动物同样需要联邦的保护。

　　今天，有多种水鸟繁衍兴旺，苍鹭、白鹭、水禽等因为这项法案而明显受益，同时也受益于另外几项重要的保护法（如《北美湿地保护法案》），还受益于有影响力的水禽狩猎者利益团体，如"野鸭基金会"。《候鸟条约法案》确实保护了一些物种，但它并未针对所有物种——特别是非猎鸟类。《2014鸟类状况报告》发布了一项鸟类种群发展趋势的分析研究，由众多政府、学界和公益团体合作完成。研究表明：被视为湿地生态健康指示物种的鸟类数量自1968年起增长了37%。然而草原生境的鸟类指示物种数量减少了40%以上，个别物种，包括麦氏铁爪鹀和斯氏鹨，自1968年起数量减少了75%以上。东部森林的鸟类指示物种数量平均减少了32%有余，个别物种的数量减少了75%以上，包括深蓝林莺和三声夜莺。就连一向被视为常见鸟种的锈色黑鹂、美洲夜鹰和烟囱雨燕（Chimney Swift）等，也正在从我们眼前消失。夏威夷的滨鸟、海鸟和所有原生鸟种数量都在急剧下降。总体而言，自1970年左右至今，北美洲有超过三分之一的鸟类（233种）种群显著地衰落了。

45年来鸟类种群的衰落似乎表明，现行保护法律的效力正在下降。更令人忧心的是，鸟类种群的衰落是全球性的，模式也相似——无论在哪里实施监测，记录到的情况都是鸟儿一年年越来越少。在英国，林地和农场鸟类、海鸟，无论是候鸟还是留鸟，种群衰落的情况都与美国报告的相似。如果罗斯福活到今天，很可能会把这种致使国内外的鸟类种群衰落的行为宣布为反人道罪。

用不着成为诺贝尔奖获得者或总统（或者像罗斯福那样二者都

是），你也能意识到鸟类种群衰落之后就是灭绝。我们看到如此多种鸟的数量急剧下降，这可能意味着其他没有监测过的动物和植物种群也在衰落。种群衰落很快就会转向灭绝，一个经过数万年演化的物种在五十年甚至更短的时间里（如史蒂文斯岛鹪鹩）就会消失。种群数量最终将减少到一个最小值，如果比这个数值还小，鸟儿就很难找到交配对象，就算找到了，也无法生育足够多的雏鸟来维持或扩大种群。此外，即使它们能成功地繁殖后代，存留下来的个体也常是近亲交配，这会严重削弱基因多样性。后代中产生有害基因突变的频率也会增加，如果未来面临环境压力（如栖息地丧失或出现新的疾病），物种幸存的可能性就会更小。草原松鸡、美洲鹤、夏威夷乌鸦和佛罗里达山狮这些物种（或亚种）都正处于种群瓶颈期（即种群很小），繁殖成功率在下降，畸形发生率也更高。尽管这些物种今天还在，它们在这个星球上还能存留多久却是不确定的。

　　21 世纪我们最大的挑战，是逆转众多物种衰落和灭绝的可能。鸟类灭绝的问题部分在于我们无法知道每一只鸟在何处死去、怎样死去——我们不能给每只鸟绑上一个黑匣子那样的东西。有的时候问题很明确，20 世纪初期几种水鸟的情况就是如此——个体被过度捕猎（射死），死亡数量巨大。人们能够看到像大白鹭这样的明星物种正在消失。因果关系相对明显，不需要太多信息来激发行动。到了 20世纪中期，游隼、褐鹈鹕和白头海雕的消失就没有那么明显，但是当种群减少到濒危水平时，人们采取了行动。经过调查发现，种群衰落是使用农药 DDT 所致，后来采取措施（虽然行动缓慢）限制 DDT 的使用，种群的数量又回升了。在这两种情形中，问题都是由单一因素引起的，一旦去除这个因素，种群就能恢复。

我们当然知道，人类活动要为鸟类物种的衰落负主要责任。栖息地的丧失、气候变化、农药、与大型建筑物相撞，还有猫的捕食，所有这些都导致鸟类死亡，在物种不同程度的衰落中起了作用。我们知道其中一些通常是间接的威胁（亦称死亡因素），并不会立即产生后果。比如说，栖息地的破坏和气候变化可能在下一个季节才影响到繁殖的成功。此外，这些威胁会相互作用，一个特定物种会受到不止一种威胁的影响，多重威胁的影响还会累积。以在新罕布什尔州繁殖的橙顶灶莺为例，这种森莺科的小型鸣禽每年五月到七月在新罕布什尔州繁殖，然后迁徙至古巴和多米尼加共和国越冬，从十月待到次年四月。这一种群的鸟在繁殖地或越冬地期间，或是在往返两地长达一个月的迁徙中，随时都有死亡的可能。很难精确地判定一种死亡因素的相对影响，比如流浪猫对所有这类迁徙距离远、时间跨度长的候鸟的影响，而北美大多数鸟种（超过75%）都是候鸟！我们统计鸟儿的数量，察觉种群衰落，都是在鸟儿的繁殖地进行的，然而死亡会发生在一年中的任何时候。一只小型到中型尺寸的鸟（如麻雀）在野外死去以后，几个小时内就会消失，这一情况使因果关系的谜团更加复杂。如果它是捕食者杀死的，死亡会发生得很迅速，猎物通常也很快就被吃掉，剩下的只有一堆鸟羽。很少有人能在野外看到动物的死亡。

猫杀死鸟和小型哺乳动物，这一事实本身并不是重大新闻。具有挑战性的问题是，猫是否不但影响特定物种中的一些个体，而且影响个体组成的更广大的种群。这关系到我们的决定，即是否应该容忍在户外自由生活的猫。自然种群的规模每年波动不定，必须保持一定数量的个体，以维系长期的稳定。对于数量天然波动的野生动物种群，我们如何评估猫产生的影响呢？首先要了解的是：猫的捕食造成的死亡是替补性的还是附加性的。所谓替补性，意思是这些死亡的个体原本也有可能死于疾病或饥饿等其他因素，附加性则意味着这些死亡的个体是在其他因素导致的死亡记录之外多出来的。有些人认为不应该关注猫造成的死亡，因为这是替补性的，即猫杀死的动物是"注定多余的"，无论怎样也会死掉。但是，如果因为猫而增加的死亡个体数量是附加性的，稳定的种群就会开始衰退，而已经在衰退的种群数量甚至会更快地呈螺旋式下降。

在一个广大的地区（比如一个国家，甚至一个州），证明一个特定的死亡事件是替补性的还是附加性的，这是相当棘手的任务。追踪一个种群中所有的死亡事件，并一一找到原因，简直是不可能的。追踪候鸟种群中死亡的情况则更为复杂，因为多数时候我们并不知道在一个特定地方繁殖的鸟儿去哪里越冬，也不知道越冬的鸟儿夏天在哪里繁殖。比如北迁候鸟橙顶灶莺，春天在新泽西州五月角的一片森林稍事休息，补充能量，却沦为猫爪下的猎物。我们并不知道这只鸟会加入哪一个繁殖的种群，也不知道它来自哪一个越冬的种群，这样一来，了解猫对这些种群动态的影响就更为困难了。不过，也有一些方法可以评估猫对重要的种群动态的影响程度，包括局部范围内种群的存活率和繁殖率这类生命参数，都能为更大范围内种群的衰落提供线索。

据估计，英国现在有 810 万只家猫，这对于一块只有亚拉巴马州这么大的陆地来说密度相当高。这些猫大多是家养宠物。英国人总体上是热爱自然的民族，皇家鸟类保护协会（RSPB），相当于美国的奥杜邦鸟类学会，有超过一百万个成员。不过英国人更愿意让他们的猫在户外游逛，就连皇家鸟类保护协会也在官网上贴出一篇文章，声明户外放养的猫没有制造麻烦，它们导致的后果是替补性的死亡。

彼得·丘彻和约翰·劳顿明白，想要确定一个特定的死亡因素是替补性还是附加性的，这很有挑战性。于是他们针对这个问题展开了一项研究，地点是贝德福德郡的村庄费尔莫舍，距伦敦约 60 英里。研究追踪了 70 只家猫在 1981 年这一整年间的活动，和它们带回家中的所有猎物。这些猫总计带回 1090 只猎物，包括 535 只哺乳动物、297 只鸟和 258 只无法分辨的动物。16% 的猎物是家麻雀和英国及欧洲本地的留鸟。丘彻和劳顿也估算了同一地区的家麻雀种群数量。这样一来，他们就可以估量在猫和家麻雀活动范围重叠的区域，猫对家麻雀种群的具体影响。估算结果是：在每年总计死亡的家麻雀中，被猫猎杀的最少占 30%，可能多达 50%。这些数据让他们得出结论：猫对家麻雀的捕食量相当大，意味着这有可能是"附加"于正常水平的死亡率之上。从 1994 年到 2004 年，英国的家麻雀数量减少了 60% 以上，虽然新近实验得出的证据表明雏鸟食物短缺是一个主要的限制因素，但是基于丘彻和劳顿的研究结果，将猫视为一个重要的影响因素也不算夸大其词。

针对猫对鸟类死亡率的影响所做的研究并不一定总是纳入替补性与附加性死亡这个框架。凯文·克鲁克斯和迈克尔·苏尔 1999 年的研究，提供了家猫致使鸣禽种群衰落和局部灭绝的另一个明显例证。

他们的研究在南加利福尼亚沿海的灌木丛生境中进行，那里的土地由于不同程度的开发，严重碎片化。栖息地碎片化导致郊狼在某些生境斑块区域消失，在另一些区域则种群相对完整。斑块区域可供研究者检验"中型食肉动物释放假说"，这个假说预测大型食肉动物（郊狼）的消失放开了浣熊、负鼠和猫等中型食肉动物的增长。鉴于中型食肉动物捕食鸟类更为常见，这个假说还预测了鸟类和其他小型食肉动物的衰落和局部灭绝。根据预测，在郊狼消失的地方，猫和浣熊的数量增加，而鸟类的物种丰度和多样性减少。类似地，有郊狼出现且数量较多的地方，中型食肉动物消失，鸟类的多样性和物种丰度高。换句话说，与其他栖息地的相关因素相比，郊狼和猫的物种丰度能更好地预测鸟类的丰度和多样性。克鲁克斯和苏尔还证明，郊狼在生境斑块区域出现时喜欢吃猫。在郊狼粪便的所有样本中，21% 是猫的残骸。驻地在北卡罗来纳州的动物学家罗兰·凯斯和同事们有一个更新的研究，证实了郊狼多么喜欢吃猫。在东海岸沿线 6 个州的 32 个保护林地，公民科学家们安放了触发式相机。他们发现郊狼出现的时候，猫不在场；反过来郊狼不在场时，猫就出现了。

在克鲁克斯和苏尔的研究中，可能最值得注意的是对如下观点的证明：猫是受到（人类）资助的捕食者（subsidized predators），所以它们的捕食水平比自然状态下的捕食水平要高得多。据两位研究者估计，家住生境斑块边缘地区的居民平均每户养 1.7 只猫，77% 的猫主人把猫放出户外，其中 84% 的猫会带回猎物。研究者们接下去计算出，每一块面积适中（50 英亩）的小块土地上，就有大约 34 只捕食鸟儿的猫。相比之下，每一小块土地上自然界的天敌（浣熊、臭鼬和郊狼）通常不超过一两对。一块碎片化的土地怎么能够承载这么多猫呢？更何况是在鸟类已被消灭，捕食者的食物来源减少的时候。原因很简单：猫捕杀动物不是为了果腹。有主的猫（和聚落猫）是受到资助的捕食者，它们能活下来不是靠捕猎食物，而是因为已被投喂过一罐金枪鱼口味的"喜悦"牌猫粮。正是这种资助，使户外猫的存活水平远远高于自然界天敌的密度和特定生境的承载量，因此它们的影响也比任何一种天敌重大得多。有不少研究记录了局部和区域范围内猫对多种鸟和哺乳动物的捕食率，包括加州斑鹑、加州弯嘴嘲鸫、灰嘲鸫、小嘲鸫、赭红尾鸲、小林姬鼠和巢鼠。

有些时候，捕食者只要在场，就会对猎物物种产生影响。例如，英国谢菲尔德大学动植物学系的科林·伯宁顿及其同事有一种预感：一只出现在鸟巢附近的猫，会对鸟的个体和种群产生间接的、亚致死性的影响。他们从之前的研究中了解到，捕食者只要引起猎物行为的改变，就会影响到它们的种群数量，这种影响在各种捕食者—猎物体系中都极其常见。这种亚致死性的影响会改变一个动物可能利用的生境，减少鸟儿对巢中雏鸟的照料时间，因而导致种群数量减少。在2010 年和 2011 年的鸟儿繁殖季，伯宁顿和同事们在谢菲尔德的一处郊区检验了这个设想。他们找到乌鸫的巢，然后在距鸟巢不超过 1.8米的地方放置一只猫、一只松鼠或者一只兔子的标本。标本只放置15 分钟；取走以后，研究者就开始测算成鸟回巢孵卵或哺育雏鸟的次数。结果非常明确：和兔子及松鼠的标本相比，成鸟对于猫的标本做出的反应是，发出的警报显著变多，对鸟巢的关注减少了多达三分之一。此外，与放置兔子标本或松鼠标本相比，在放置猫标本后，因为成鸟对鸟巢的关注度降低，被捕食者吃掉的雏鸟显著变多。这种捕食率的改变，对于种群数量的增加或减少是一个重要的影响因素。

显然，对于猎物的行为和鸟类及哺乳动物的种群，猫产生影响的方式有很多种，包括局部范围内的直接致死和间接的亚致死性后果。我们前面讲过，了解猫在大范围内的影响——具体来说是它们如何可能致使分布广泛的物种衰落——很有挑战性。但是在局部范围的影响已经传达了明确的信息（毕竟大范围的影响由局部影响积累而成）：猫确实影响了鸟类和哺乳动物种群数量。在此基础上，我们能够估算猫在更大范围内导致的死亡数量吗？这一回范围将扩大到整个美国。

我们需要再一次借助统计建模，首先亲自计算一只猫带回家的死鸟数量。如要研究猫相对更严重的捕食影响，这种计数能够提供重要的参考。至少有 55 项经过同行评审的独立研究统计了有主和无主的户外猫杀死的两栖动物、爬行动物、鸟类和哺乳动物数量。斯科特·洛斯、汤姆·维尔和彼得·马拉排除了一部分研究结果，其中有些估算的死亡率异常高，有些取样太少（猫的数量小于 10 只），此外凡是经过实验操纵的，或是采用问卷要求人们回忆猫的捕猎经历的研究也都排除在外。然后他们发现，在 17 项针对户外生活的家养宠物猫的研究中，平均每只猫每年最少带回家 1.14 只鸟，最多带回 33.18 只鸟。福布什曾估算马萨诸塞州每只猫每年带回家 10 只鸟，这个结果并不是太离谱。还有 19 项研究公布了无主的猫所杀死的猎物数量，结果表明每只猫每年捕回来的鸟儿数量在 30.0—47.6 只之间。研究还显示每只猫每年杀死的哺乳动物数量多得多，据估算每一只有主的猫每年杀死 8.7—21.8 只哺乳动物，而每只无主的猫每年杀死的哺乳动物数量在 177.3—299.5 只之间。

几乎可以确定这些数字是保守估计，因为猫并不会把杀死的猎物全都带回家。有两项研究证明猫会给自己留下一些。2004 年，罗兰·凯斯和艾米埃尔·德万在纽约州首府奥尔巴尼地区展开研究，给 11 只家养宠物猫戴上无线电项圈，并让家猫主人记录它们带回家的所有猎物，以便确认猎物种类。他们还在野外对猫进行了细致的观察，统计它们实际杀死的猎物数量。这些猫每个月带回家的猎物约为 1.7 只，而每个月实际杀死的猎物为 5.5 只——是带回的 3 倍多。大约十年之后，佐治亚大学的研究生凯利·安·劳埃德进行了另一项研究，还是这个问题，但采取了新的手段——"小猫摄像机"。这种小摄像机挂在最多十天大的小猫脖子上，就在下巴下面的位置。猫主人们每天晚上取下摄像机，下载数据，给摄像机充电。劳埃德在一年内从 55 个猫主人手中收集了数据。录像显示有 44% 的猫（22 只左右）捕猎野生动物，它们带回家的猎物在实际杀死的猎物中占到 25%。这两项研究都意味着，家养猫带回家的猎物数量远远低于它们实际杀死的猎物数量。

如果能够估算猫在某个时间范围内杀死的动物数量，也知道有多少只猫捕猎（如 1916 年福布什在马萨诸塞州、1986 年坦普尔在威斯康星州所做的研究），就能估算出给定研究范围内猫所杀死的动物总数。1991 年，一位名叫里奇·斯塔尔卡普的环保主义人士和鸟类学家尝试了这种算法。斯塔尔卡普来自加利福尼亚州的奥克兰，是一位具有传奇色彩的"鸟人"，也是一个全能型的博物学家。1965 年，他和别人共同创办了著名的雷斯岬观鸟站（Point Reyes Bird Observatory，现在改名为兰岬环保科学组织）。斯塔尔卡普擅长向公众普及自然知识，他撰写了几部书，并在《雷斯岬观鸟站季刊》他的"焦点"专栏发表了 75 篇文章。1991 年坦普尔发布了威斯康星州的研究结果，紧接着斯塔尔卡普发表了一篇专栏文章，并引起强烈反响。这篇文章题为《猫：鸣禽的惨重损失，可以逆转的灾难》，是最早对美国本土的宠物猫导致的鸟类死亡数量做出估算的研究之一。斯塔尔卡普描述了各大洲的鸣禽数量骤减的原因——除了全球变暖、栖息地丧失，还有猫。他的观点很明确：全美国的猫捕获的猎物总量庞大，而和鸟类面临的其他威胁相比，猫的问题是可逆转的。

斯塔尔卡普用一些简单的计算来建立模型。首先他要估算在户外自由活动的宠物猫的数量。他使用的数据来自《旧金山纪事报》（1990 年 3 月 3 日）：获准在户外活动的家猫数量有 5500 万只。虽然斯塔尔卡普认为这个数字是保守的估计，但还是从中减少了 20%，设想至少有 20% 的猫没有获准出门，或是因太老、行动太慢而无法捕猎野生动物。这样一来，获准在户外活动并能捕猎的宠物猫数量最终为 4400 万只。接下来需要估算这 4400 万只猫杀死的野生动物数量。他打算做"非常保守"的估计，因此推算每 10 只猫里仅有 1 只每天杀死 1 只鸟，总计每天杀死 440 万只鸟，也就是说，全美每年猫杀死的鸟类数量轻易就超过 10 亿只。有人会认为斯塔尔卡普低估了这个数量，原因有多种，如他在估算猫的种群数量时并未包括野化家猫或流浪猫。他这样写道：

> 此外还有野猫之灾。有多少？没人知道，但是它们在气候温和的北美洲（除了沙漠和高山地带）到处都有分布，在一些地方

数量极多……在加利福尼亚州的海岸边，外出一天看到 10 到 15 只是常事（而这些本是夜行动物）。就全国而言，一定有数百万只。这么多猫吃什么呢？野生动物，除了野生动物别无其他。[6]

这就是斯塔尔卡普所做的粗略统计，然而观鸟机构在 1990 年代初公布的数字要低得多。鸟类学教科书（比如弗兰克·吉尔所著的《鸟类学》的最新版）和野外手册（包括著名的"鸟人"兼艺术家大卫·西布利出版的那些）给出的数字是：这些猫每年杀死上亿只（多达 5 亿只）鸟。鸟类学家似乎拒绝相信数目如此巨大，即使这只是个简单直接的数学问题。有趣的是，即使按猫每年杀死 5 亿只鸟来计，猫的捕食依然被视为鸟类死亡的第二大原因，第一大原因则是误撞玻璃，每年撞上大楼和房子的玻璃窗而死亡的鸟儿数量多达 10 亿。因为以前从未做过全美范围内的估算，所以需要进行这类科学研究（经过最可靠的同行评审），以便更好地了解猫的影响有多么严重。到 2013 年为止，已有上百篇论文发表，支持这种更艰巨的分析研究。这种估算还要考虑户外猫每年杀死鸟类数量的不确定性（最小和最大的猎杀数量）。还记得吗？即使是估算开车纵贯加利福尼亚州的花费这样简单的问题，也牵涉不确定因素。

一个简单的建模操作，正是斯科特·洛斯、汤姆·维尔和彼得·马拉 2013 年突破性的研究中用到的。对由猫致死的动物数量的估算，是一项更宏大的研究中的一环，后者将逐一估测美国本土范围内人类直接（但非蓄意）造成的几大鸟类致死因素，包括撞上大楼（主要是玻璃窗）、通信塔、风力涡轮机及车辆，高压线触电，还有猫的捕猎[*]。现有的数据需要核实和更新，而对猫这个因素的研究需要做第一次系统的估算。针对猫所造成的死亡数量问题，洛斯和同事们首先详尽地梳理了现有的科学文献，包括猫导致的两栖动物、爬行动物、鸟类和哺乳动物的死亡数量，以求获得一个最佳数目，嵌入他们的模型。他们查阅了上百项研究成果，但在文献综述中只包括了那些在温带大陆或大型岛屿地区（新西兰和英国）所做的研究，猫的采样数量至少是十只，抽查的时长至少是一个月。为了减少偏差，最终分析结果排除了那些死亡数量异常高的估算，有些研究牵涉的猫系有铃铛或围嘴，结果可能减少了捕猎数量，这类研究也被排除。

估算年死亡总数的最终模型比先前的形式（比如斯坦利·坦普尔的）稍复杂一点，但依然很明了。研究者先用以下公式计算家养宠物猫每年造成的动物死亡数目：

$$宠物猫每年致死的动物数量（mp）=$$
$$npc \times pod \times pph \times ppr \times cor$$

- npc 是美国本土的宠物猫数量
- pod 是获准在户外活动的宠物猫的比例
- pph 是捕猎野生动物的户外宠物猫的比例
- ppr 是户外捕猎的宠物猫的年捕食率
- cor 是校正系数，考虑到宠物猫不会把所有猎物带回主人家（要记住猫只把杀死的一部分猎物带给主人）

---

[*] 猫的捕猎被归为人类直接（非蓄意）导致鸟类死亡的几个因素之一，这是因为此种情形中的猫是受到人类资助的捕食者。

流浪猫战争：萌宠杀手的生态影响

然后，他们计算了无主的猫每年致死的动物数量：

$$无主的猫每年致死的动物数量（mf）=$$
$$nfc \times pfh \times fpr$$

- nfc 是美国本土的无主猫（或户外野猫）的数量
- pfh 是捕猎野生动物的无主猫的比例
- fpr 是捕猎的无主猫的年捕食率

有主的宠物猫和无主的猫每年造成的野生动物死亡数量加在一起，就是死亡总数：

$$所有猫每年致死的动物总数 = mp + mf$$

洛斯他们到底是怎样得出模型中的每一个数字的？现在我们再来详细了解一下。首先，美国有多少只猫？

斯塔尔卡普当年是从《旧金山纪事报》上搜集的信息，所幸在这之后，至少有两项研究估算了美国宠物猫的数量。这两项独立调查的对象是全美国范围的宠物主人，估测的宠物猫总数分别是 8640 万和 8170 万。平均数 8400 万几乎是斯塔尔卡普估算结果（或至少是《旧金山纪事报》给出的数据）的 2 倍之多，而那不过是 20 年前。下一步要算的是：这些猫有多少只可以在外活动？其中又有多少只捕猎？根据 8 项不同的研究，40% 到 70% 的宠物猫可以在外活动。另外 3 项研究则表明这些户外活动的猫有 50% 到 80% 捕猎。洛斯他们用 17

项经过同行评审的研究成果来估算每只宠物猫每年带回来的鸟的数量，还用到了另外 26 项研究来估算两栖动物、爬行动物和哺乳动物的死亡数量。模型中含有校正系数（在 1.2 到 3.3 之间），将猫不总是将猎物带回家的情况考虑在内。非宠物猫的模型计算起来要复杂一点。

对户外的非宠物猫数量的实际估算并不存在，原因如下：第一，不容易找到猫并计算其数量。它们安静、行踪秘密，刻意躲避人们的注意，这些演化而来的行为在所有猫科物种身上都是一致的。第二，猫聚落的照料者们不会报告它们的行踪，也不统计猫的数量，虽然他们称之为"被管理的聚落"。粗略的估算是有的，非宠物猫的数量在 2000 万到 1.2 亿之间，而引用最多的区间是 6000 万到 1 亿。因为不能确定，洛斯和同事们使用了非常保守的数据：最少 300 万，最多 800 万。针对这类非宠物猫的研究通常认定，它们捕猎野生动物的比例是 100%，所以关于捕食率的参数被设定在 80% 到 100% 之间。根据在温带地区开展的 45 项研究（均由同行评审过），洛斯和同事们最终得出估算结果：每只猫每年杀死 1.9 到 4.7 只两栖动物、4.2 到 12.4 只爬行动物、30.0 到 47.6 只鸟，以及 177.3 到 299.5 只哺乳动物。有了这个关键的数据，最终估算户外猫对物种的影响的严重程度就像按下按钮那么简单了。

按下一个或几个按钮，正是接下来所发生的。从没有人将现有的最佳数据综合起来，严格地统计全美国的猫杀死的动物数量。这个数字比任何人预料的都高得多，尤其是和以前估算的鸟类死亡数量上亿只相比（斯塔尔卡普的研究结果除外），而鸟类之外其他动物的死亡数量以前没有估算过。最终估算的死亡数量是：这些猫每年杀死 13

亿到 40 亿只鸟（平均数是 24 亿），其中大部分（69%）鸟类的死亡是非宠物猫造成的。这些鸟很可能是雏鸟，但鸟种、年龄和性别的细节阙如。最终估算的哺乳动物的死亡数量也令人震惊：63 亿到 223 亿之间（平均数是 123 亿）。两栖动物和爬行动物每年的死亡数量上亿：两栖动物 9500 万到 2.99 亿只，爬行动物 2.58 亿到 8.22 亿只。这已经是相当保守的估算，但就连最小的数据也令人难以置信。

虽然这些数据大得惊人，但分析本身是合理的。宣布结果的这篇论文由美国最优秀的一些科学家评审。值得注意的是，2013 年在加拿大有一个相似的研究，分析了人为原因直接引起的鸟类死亡；紧接着就是美国这项研究。加拿大全境的猫数量少于美国，研究表明猫每年造成 2.04 亿只鸟（平均估算值）死亡。这和美国的情况一样，说明猫在人为直接引起的鸟类死亡中是一个最主要的肇因。

根据这些估算的数据，我们可以确定陆地范围内猫导致的鸟类死亡数量是附加性的还是替补性的吗？答案是不行。前面已经提过原因，估算无法对问题做出确定的回答，因为就这个规模而言，现在信息还不完备，将来也依然如此；还因为我们对于美国大多数鸟类的种群数量都没有可靠的估算。至于小型哺乳动物、爬行动物和两栖动物的种群数量，甚至都没有做过估算。估算的结果只会让我们意识到问题的严重。把估算结果和众多证明猫对小范围内种群动态造成影响（我们前面提到过）的本土研究结合在一起，足以表明户外猫造成的生态影响令人担忧。

2013 年 1 月 29 日，一个星期二，洛斯、维尔和马拉的论文在国际科学期刊《自然通讯》上刊出；就在同一天，《纽约时报》发布了相关报道，头版标题是"可爱猫咪比你以为的更致命"，这篇出自科学记者纳塔莉·安吉尔的报道（所附照片上一只家猫用两爪攥住了一只兔子）引起了轩然大波。原本是默默无名的爱猫和爱鸟社群，现在都在谈论科学和对科学的各种解释，科学话题突然进入大众视野。那一周在《纽约时报》的网站上，安吉尔的报道被邮件转发的次数最多，评论也是最多的，它比阿富汗战争、世界经济和人们的贫穷问题都更受欢迎。24 小时内，300 多家国际媒体，包括美国国家公共广播电台（NPR）、《今日美国》（*USA Today*）、英国广播公司（BBC）和加拿大广播公司（CBC）转载了这篇报道，约 6 亿人浏览了网站上这篇报道，从中了解到猫的猎杀率比先前随意估计的数量高 3 到 4 倍。洛斯等几位研究者的论文将家猫定位为美国野生动物面临的最重大的人为直接威胁之一。他们还强调，丧命于猫口的鸟类和哺乳动物数量，比风力涡轮机、汽车撞击、杀虫剂和毒药、撞上摩天大楼和窗玻璃以及其他所谓的人为直接因素加在一起的致死量还要多。

《自然通讯》上的论文激发了强烈的情绪，本已产生矛盾的爱猫和爱鸟群体终于成为舆论焦点。他们展开辩论，战线十分鲜明。有些人支持给猫系上绳索的法规，赞同对流浪猫实施安乐死，以及清除猫的聚落，结束"捕捉—绝育—释放（TNR）"的操作（这种操作是诱捕流浪猫，然后给它们打疫苗、做卵巢和睾丸切除手术，再放回野外）。另一些人则倾向于任由这些猫在户外生活、捕猎、抱团玩耍。《纽约时报》在三天后收到了 1691 条评论，粗粗浏览一下就会发现观点两极分化：

把猫养在屋里就好。猫生活在室内更健康，更不易生病、生跳蚤和螨虫，也更喜欢社交。特别是在郊区和乡村，必须保护老鼠、田鼠、鼹鼠、蛇、两栖动物和鸟类免于猫的捕杀。这些本土动物对于本土植物来说是宝贵的传粉者和种子传播者，也供养着本土捕猎动物。

在得克萨斯州的奥斯汀，我照顾一群野猫有15年了。开始聚落中有三四十只猫，那时我刚搬家，附近就是它们的领地。我给它们喂食，保证它们能喝到水，给每一只猫做TNR。如果母猫没有及时做卵巢切除手术，就给每一只小猫做绝育，给它们找到领养人家。猫儿来了又去，15年后，只剩下3只了（悲伤的表情）。最老的一只9岁，最近又有了两只。那只老猫现在对我非常友好，还是愿意待在户外生活。新的两只也很友善，很快就要做绝育、打疫苗、找到人家。虽然我没有见到多少死鸟，但是的确见过啮齿动物和蛇的尸体（大多是银环蛇和响尾蛇）。TNR从长远来看确实是有效的。你愿意房子附近有什么动物出没？是传播疾病的鼠类和毒蛇，还是几只不会招惹你的野猫呢？

所有这些友好的评论让我吃惊。我也爱猫，家里养了两只，一直待在室内，据我观察它们也并不想出去。很多本土鸟种已经濒危，部分是由猫这种外来物种的捕猎而导致的。猫就不应该在户外放养，没什么可说的。这么做是不负责任的，最终会导致更多本土物种的灭绝。在我看来，应该人道地处死野猫。我爱猫，但我也爱鸟，我受不了邻居家的猫在我家附近游逛，寻找它们的下一个猎物。

　　在我们佛罗里达州，我们鼓励自家的猫出去活动，捕食野鼠和家鼠。我们教锈锈（我们养的猫）不要理睬那些恨猫的人，他们把猫关在笼子里，或是把猫囚在家中，家里只有一个沙箱和猫抓柱。我给他读了你们的报道，他似乎一点也不生气，他表示猫不捕猎，就像人爱吃罐头食品胜过新鲜食品。[7]

　　绝大多数生态学家、鸟类学家，以及上百万鸟类爱好者都将户外生活的猫视作捕杀机器，无论是宠物猫还是非宠物猫。很多生物学家相信，很多鸟类和哺乳动物数量灾难性的螺旋式下降，确实和这种入侵物种的捕猎有关。成千上万照料无主野猫的善心之人，几百万让家猫出外活动的宠物主人，都将猫珍视为有感知能力的动物。在他们眼中，猫是大地的一部分，和大树、白云一样是自然秩序的一个要素。一些支持野猫权利的人士会说："我们属于同一个热爱动物的国度，而不是由爱猫者或爱鸟者组成的国度。"然而爱猫和爱鸟群体之间确实存在激烈的矛盾，无论他们是否承认，就动物们而言，这确实是一场生死之战。

　　退一步讲，猫的这种影响之所以令人尤为担忧，是因为当今每一个物种的灭绝或衰落都是人类活动所致。很大程度上，是我们在控制

　　　　　　　　　　　　　　流浪猫战争：萌宠杀手的生态影响

着一个物种灭绝的速度。问题在于，地球上物种消失的速度，远远超出了过去认为正常的物种灭绝速率或背景速率。物种灭绝的背景速率是通过分析人类出现以前上百万年的化石记录来估算的（这个灭绝速率以 E/MSY 来统计，即物种灭绝 / 每百万物种年）。通常，自然发生的灭绝速率大致是每百万物种年有两个物种灭绝，换句话说就是每 100 年每 10000 个物种中有 2 个灭绝。很多科学家由此推断，有人类存在的这个时期（也称"人类世"），在地球的生命史上是第六次物种大灭绝的时期。

大约 34 亿年前，地球上开始出现生命，此后诞生了超过 50 亿个物种，渐渐演化出庞大而多样的类群，从病毒、恐龙一直到猫。其中大部分物种，曾经生活在地球上的 99% 以上的物种，现在都已灭绝了。相关的化石记录显示，这些物种灭绝绝大多数是在五个重大而明显的史前事件中发生的，时间可追溯至 4.5 亿年前。第一次大事件开始于 4.47 亿年前，我们称之为奥陶纪的时期，人们认为正是在那时所有已知的生命从海洋中出现。然后气候开始变化，并在接下去的 400 万年中持续变化。气候逐渐变得极度寒冷，尤其是在南半球，大量的珊瑚礁以及鹦鹉螺、三叶虫和腕足动物等伴生物种冻结在冰层中，导致这些物种灭绝，最终大量其他海洋物种也随之灭绝。庞大的冰层最终覆盖了整个南方的冈瓦纳大陆。（在地质史的这个时期，陆地分离为两块巨大的超大陆——南方的冈瓦纳大陆和北方的劳亚古陆。）海水冻结成冰，更靠北的海平面下降，造成水化学的改变，又进一步增大了地球其他地方物种灭绝的数量。最终，据估计在这一时期地球上 75% 的物种由于气候变化而灭绝。在已知的地质史上，这算是规模第二大的物种灭绝。

随后又发生了四次物种大灭绝：奥陶纪—志留纪大灭绝、二叠纪—三叠纪大灭绝（最大的一次）、三叠纪—侏罗纪大灭绝，还有离现在最近的白垩纪—古近纪大灭绝。最后这次距今仅有6000万年。这几次大灭绝起因各不相同，包括巨大的小行星撞击地球、海底突然释放的甲烷气体、气候变化，或是上述因素的综合作用。当然对这些起因的研究都是理论，但大部分都有强有力的证据支撑。这几次大灭绝本身并不是理论，而是不折不扣的事实。另一个相当确定的事实就是，如果人类先前存在过，可能也会在这些灾难性事件中灭绝。

在前五次大灭绝中，小行星撞击地球和海底甲烷爆发这类事件，是任何生命都不可控制的因素。恐龙正自得其乐，突然，砰！小行星来了！而我们正在经历的这一次，即第六次物种大灭绝，最主要的驱动因素分明是人口过剩及其导致的动物栖息地破坏和气候变化，当然也有其他因素。这些影响累积起来并相互作用。比如说，人口过剩导致过度渔猎、各种形式的污染，还有入侵物种的扩散和繁衍。在菲利克斯·梅迪纳及其同事看来，猫这种入侵物种和全球岛屿上至少14%的爬行动物、鸟类、哺乳动物的灭绝尤为相关（见第二章）。

从这个意义上来说，猫对第六次大灭绝产生的影响确实存在。它们是首要驱动者吗？当然不是。但是我们不能只关注主要的驱动者。我们必须处理所有的组成因素，更要解决那些我们有能力控制的问题。打个比方，这就如同我们要探讨的话题是人类而非鸟类的福祉，关注焦点是人类死亡的主要原因，却忽略癌症、艾滋病、酒后驾车及一系列其他的健康问题和社会痼疾，仅仅把努力放在心脏病的攻克上，这种做法将是让人无法接受的。

多年来，我们已经了解到猫可能造成岛屿和大陆地区鸟类及其他小型哺乳动物的灭绝，并对其产生重大的影响。全世界已有数不胜数的研究记录了猫在不同范围内的影响。汇总来看，这些科学研究已经给出了极其确定的结论：猫杀死大量鸟类和其他小型动物，这些死亡影响了种群更替。此外，目前已知猫加剧了许多尚未完全灭绝的岛屿物种及亚种的衰落，包括夏威夷乌鸦、索科罗嘲鸫和海夫纳沼泽兔以及很多其他物种。很多人仍然不相信猫对野生动物有重大的影响，尤其是在大陆范围。他们认为并未看到实际的物种灭绝或显而易见的种群数量下降和猫有密切关联。尽管大范围内特定物种的种群衰落与猫直接相关的信息不够完整，但是讲到猫对鸟类和其他动物的影响，相关信息都很明确，用模型来运算都表明需要采取行动。考虑到物种灭绝是衡量全球环境健康的一个标准，就更有必要采取行动。每当我们听任一个物种灭绝，或者是整个物种的种群衰落，或是区域性的种群被全部消灭时，我们其实上失去了每一个这样的种群提供的重要生态作用和至关重要的生态系统带来的好处。从总体来看，这些物种的衰落和灭绝都是第六次大灭绝的一部分。

户外猫加速了很多野生动物的灭绝，如果你觉得这一情况还不够严重，那么在下一章中我们将会看到，有力的证据表明，它们也会让人类染上疾病，并在很多时候置人于死地。

第五章　僵尸制造者——传播疾病的猫

我们不再从床底下寻找怪兽，因为我们意识到怪兽就在我们
心中。

——查尔斯·达尔文

虽然捕猎者和猎物的动态关系又迷人又致命，但是就组织的和
谐与摧毁的程度而言，宿主和病原体之间的相互作用才是奥斯卡奖得
主。它们完全是好莱坞电影的灵感之源。事实上，好莱坞电影很久以
前就开始利用这种生物类型，因为它能满足上百万人的想象力，获得
大量票房收入。想想《天外魔花》（*Invasion of the Body Snatchers*）、
《怪形》（*The Thing*）、《传染病》（*Contagion*）和任何一部荣登大屏
幕的僵尸片。故事的前提都很简单：一种病原体进入一个人的身体，
或是直接杀死宿主，或是改变宿主的行为，使其做出可怕的事情。尽
管有些电影较为离谱（比如源自太空的有机体侵入人体），但是在地
球上确实存在令人忧惧的生物，它们就在我们的眼前——甚至也许就

流浪猫战争：萌宠杀手的生态影响

在我们眼中（见后文）。

这些好莱坞电影的情节多数是虚构的，不过其中有那么一点真意，驱使我们一次又一次地回到影院，还会强迫性地在手上涂抹大量抗菌清洁液。一种侵入人体的神秘有机体——也许不是来自太空，而是来自大鼠、蝙蝠、鸟或猫，这并不仅是极为可信的威胁，而是真实存在的。动物传染病的定义是：一种病原体，如病毒、细菌、原生动物或真菌，通过另一种动物侵入人体。数百年来，动物传染病造成的死亡人数到不了数十亿也有数亿之多。

想象你醒来时发现大腿根或腋下有一堆苹果大小的球状肿块，渗出脓血。后来你的身体上遍布黑色斑点，无法忍受的高烧来袭，你开始吐血，然后——通常是在症状产生后 2 到 7 天，死亡降临。黑死病就是一种具有这些可怕症状的动物传染病，它起源于 14 世纪早期至中期的中国*，后来扩散到欧洲和中东。最终黑死病害死了约三分之一的欧洲人——人数在 7500 万到 2 亿之间。19 世纪至少暴发过一次疫病。今天世界上某些地方仍在定期暴发疫病，美国每年有 10 到 20 起病例。

鼠疫的病原体是一种叫作鼠疫杆菌（*Yersinia pestis*）的微小杆状细菌，由“介体”传播。介体也称带菌生物，是一种将病原体传给宿主的有机体。瘟疫主要由一种跳蚤介体传播，跳蚤的宿主包括 200多种小型啮齿动物，如大沙鼠、黑家鼠、黄鼠属、草原犬鼠属、花栗鼠属、旱獭属，以及其他几种哺乳动物。人感染鼠疫的三种常见的临床形式是：最常见的腺鼠疫、肺部的肺鼠疫，还有最罕见的败血性鼠

---

* 据记载，中国在 14 世纪并没有暴发过大规模鼠疫。黑死病起源于中国只是一种猜测。

疫，感染的是血液。在猫这样的宿主身上，细菌更容易感染肺部，发生这种情况后，猫会传播更加致命的肺鼠疫。通常，当被感染的跳蚤从一级宿主那里弃"船"逃跑，叮咬人类（称为二级宿主，因为病原体只有向下一个生命阶段转变时才会短暂地侵入人体）时，人类就会被感染。但也并非总是如此。由猫到人和由人到人的传染是通过空气中的飞沫，也会导致致命的肺鼠疫。最终，食用已被感染的肉类也会患上疫病（想想秘鲁和厄瓜多尔食用豚鼠的情况）。不管是通过什么传播方式，在 2 到 7 天的潜伏期后，症状就会出现，如果不去医治，就一定会很快死亡。如果得到医治，约 50% 的腺鼠疫患者能够幸存，肺鼠疫和败血性鼠疫患者则很少能活下来。

1992 年 8 月 19 日，当 30 岁的约翰·多伊来到科罗拉多州的查菲郡，摸索着穿过一栋房子的管道槽去捉邻居家的猫时，他一定没有想到瘟疫。查菲郡位于科罗拉多州几乎最中心的地带，这里是一片山乡，人口密度较低。约翰·多伊把猫带出来后，没几分钟猫就死了。他那时没有想到应该为自己的健康担忧。几天后，猫的主人接受采访时说，他们之前注意到猫身上有脓肿、皮肤损伤，唾液中有血丝，这些都是猫感染了鼠疫的症状。约翰·多伊回到亚利桑那州皮马郡自己的家里，3 天以后，8 月 22 日，他腹中开始绞痛。又过了一天，他发起高烧，体温升到 39.4 摄氏度，还伴有呕吐和腹泻。病情继续恶化，他于 8 月 25 日住进医院，不到 24 小时就死去了。尸检证明导致死亡的病原体鼠疫杆菌，和中世纪让上百万欧洲人殒命的黑死病的病原体是同一种。在科罗拉多那栋房子周围搜查被感染的啮齿动物和跳蚤，结果发现一只死了的科罗拉多花栗鼠。经检测，其体内鼠疫杆菌呈阳性——也许它就是那只猫一星期前的猎物。约翰·多伊从地下室把那只猫捉出来的短暂一刻，一定和猫有足够多的正面接触，细菌通过呼吸道飞沫传染给他，在一周之内就置他于死地。

由猫传染给人的鼠疫在美国个案很少。从 1977 年到 1998 年，全国有 23 个与猫有关的人类鼠疫病例。西部八个州每年至少一例，其中五例致命（包括约翰·多伊的案例），是因为延误了治疗或者误诊。猫通过抓咬和呼吸道飞沫，还有蜷在主人腿上和在主人脸旁打呼噜等的行为，将疫病传播给它们的主人、照料者、兽医。多数介体传播的疾病随季节发作，但猫传播的鼠疫不是这样。这些病例除了一月和二月，每年的其他月份都发作过，通常和附近啮齿动物种群中暴发的鼠疫无关。猫捕食的哺乳动物物种是疫病病菌理想的储存宿主（也称保虫宿主），因为它们基本上一年中都没有症状，足够健康，所以在被捕食者袭击或杀死时能够传播病原体。捕食者吃了被感染的猎物，或者是通过猎物身上的跳蚤，就会染上疫病。鼠疫在美国西部17 个州都属常见，如果你住在那里的某个地方（有啮齿动物种群生活的乡土地区最为典型），拥有一只户外猫，或是抚弄、照顾和治疗它们，就要警惕鼠疫。事实上，不管在哪里、什么时候，猫只要在户外活动，主人就得小心大量的致病介体——其中很多可能不仅会让猫生病或死亡，也会危及其他野生动物，以及人类。

"猫爪热"对于不同的人有不同的意义，这和他们的参照系有关。1977 年，摇滚音乐家泰德·纽金特让这个名词大热，他发布的新歌将这种病比喻为一个男人对女人的狂热欲望。而猫爪热更常见的（或许也是更确切的）意思，是指感染一种巴通体属（*Bartonella*）细菌的猫抓破或咬破人的皮肤时引发的感染。一般来说，这种细菌对于猫本身并不是严重问题，携带它的猫有40%左右没有症状。人类受到的危害通常也不严重，皮肤会出现红肿块，淋巴结会胀大，有轻度发热。但是也可能出现更严重的感染，而且确实已经出现了，尤其是在免疫系统受损的人身上。巴通体属菌不像鼠疫那么危险，但它更为常见。

被猫抓伤或咬伤还会引起其他更为有害的疾病，纽约布鲁克林13岁的女孩格雷丝·波尔希默斯的病例就是这种情况。1931年10月18日，格雷丝在家中前院玩耍，她弯腰去抚摸一只流浪猫，结果右手腕被猫咬了。后来检测猫的脑组织，发现这只猫感染了狂犬病，这也是一种具有潜在致命性的疾病。猫爪子一挥或是轻轻一咬，人就会被传染。在狂犬病病例中，症状并不会立刻出现，格雷丝也是这样。但是被猫咬后过了一年多一点，她陷入昏迷，最终死于狂犬病。

狂犬病一词的英文rabies源自拉丁语，意为"狂怒的"或"施暴"。狂犬病是一种高度传染性的病毒性疾病，整个已知的人类历史可能都有它的影踪。早在公元前5世纪就有了关于狂犬病的记述，在德谟克利特、亚里士多德、希波克拉底、维吉尔等著名的古希腊和罗马学者及哲学家的著作中都能找到。到19世纪晚期，被一只得了狂犬病的狗咬伤（人类接触到狂犬病病毒的主要途径）等于宣判死刑。无论是咬伤还是抓伤，一旦病毒进入人体，它就会沿神经纤维一路转移，从一个神经元到另一个神经元，慢慢地抵达大脑。所有哺乳动物都容易受到狂犬病病毒感染，在亚洲、非洲，狗仍是人类感染的来源；而

流浪猫战争：萌宠杀手的生态影响

在北美洲，蝙蝠、狐狸、臭鼬和浣熊等野生动物被认为是病毒的主要储存宿主，这些物种能将疾病传给猫、牛和马等被驯化的物种，后者继而成为病毒的介体。人类接触狂犬病病毒后，通常在一到三个月之内就会出现症状，如果没有进行接触后预防性治疗，将会引发以下两种形式的疾病。最常见的一种是"狂躁性狂犬病"，早期症状为恐水，因为吞咽困难，患者也会极度口渴，为此狂犬病也被称为恐水症。其他可能的症状还有机能亢进，难以抑制的躁动（即"狂躁"）、高烧、被咬处发痒，随着病毒扩散至整个神经系统，进入大脑，患者最终脑炎发作并死亡。另一种形式在狂犬病病例中占30%，表现为缓慢地麻痹，通常是从伤口处开始，病人最终昏迷不醒，直至死亡。无论是哪一种形式，一旦出现症状，死亡几乎是注定的。自1940年至今，已知感染了狂犬病病毒的幸存者还不到十人，其中两人在从初期症状中恢复的几年内就死了，其余除一人外都有持续的神经失调。

除了南极洲，其他几大洲都出现了狂犬病。虽然有高效的接触后疫苗（最先要感谢路易·巴斯德）和有效的接触后预防，但是比起其他动物传染病，狂犬病在全世界每年导致的死亡人数依然多得多。据世界卫生组织估计，每年至少有6万人死于狂犬病，主要在亚洲和非洲，其中大多数是15岁以下的孩子。流浪狗依然是主要的储存宿主，也是主要的疾病传播方式，亚洲和非洲90%感染狂犬病病毒的病例，以及99%因狂犬病致死的病例都是由此造成。1946年，美国还没有广泛采取疫苗注射和流浪狗管理时，报道的病例中有8384例是因为接触了得狂犬病的狗，455例是因为接触了得狂犬病的猫。到了2010年，强制性的政策有效地推进了宠物狗的疫苗注射，流浪狗也被清除，由狗传播的狂犬病病例减少到仅 69 例。但是由猫传播的狂犬病病例没有显著减少，到 2010 年还有 303 例。自 1988 年起，猫已经成为给人类传染狂犬病的头号驯养物种。2013 年据报道，患有狂犬病的驯养物种中，猫占 53%，其次是狗，占 19%。造成这一比例的原因似乎很清楚，野外活动着成百万只流浪猫和未注射疫苗的放养猫，其中很多都和容易传染狂犬病的野生动物共用一个饲喂点。虽然在北美，狂犬病主要的储存宿主是蝙蝠、臭鼬、狐狸和浣熊，但是由于猫和人类的高度互动，猫成了人类接触狂犬病病毒的最重要途径。鉴于狂犬病的风险和相关的重大疾病威胁，美国公共卫生兽医协会（NASPHV）对流浪猫狗的处理办法直言不讳：

> 流浪的狗、猫和雪貂应当从社区中清除。如果规定宠物需要身份登记，并养在室内或用链子拴住，地方卫生部门和动物管理机构官员就能更有成效地清除流浪猫狗。[1]

事实上，宾夕法尼亚州卫生部和疾病防治中心将感染了狂犬病病毒的猫视为严重的公共卫生问题。从 1982 年到 2014 年，宾夕法尼亚州的户外家猫有 1078 例经实验室确诊患有狂犬病。病例数量的增长可能与 1950 年代整个东部海滨浣熊的狂犬病暴发有关。人们在户外，特别是在猫聚落所在处为野生动物和猫放置食物，于是户外的猫和浣熊及其他物种常有互动。食物的丰富使猫和野生动物的往来更加集中，为狂犬病的传播提供了更多的机会。在实施 TNR 方案的地方，有时聚落猫被捉到以后会注射疫苗、做卵巢切除或阉割手术，但为什

　　　　　　　　　流浪猫战争：萌宠杀手的生态影响

么即使如此，猫还是不能对狂犬病免疫呢？原因在于注射一次疫苗是不够的。美国兽医协会规定，所有的猫在初次注射疫苗后的十二个月之内应当再次注射，甚至推荐在疫苗注射产生效力后多次注射加强效果。然而一只户外的流浪猫或聚落猫，捉到一次都很难，再次抓捕并接种的可能性大概和一个职业棒球球员一年中投出两次无安打比赛一样。（第七章还会谈到 TNR 方案的更多缺点。）更糟糕的是，比起浣熊这样的野生动物，人们，尤其是孩子（就像前文中提到的格雷丝·波尔希默斯）更容易接近一只猫，而猫在出现症状好几天以前分泌的唾液中就会含有狂犬病病毒。如果这段时间人和猫有接触，也没有怀疑感染了狂犬病病毒，那么只有狂犬病的症状出现以后——也许是几星期或几个月之后——才会发现感染了狂犬病病毒。那时恐怕为时已晚。

令人宽慰的是，在美国，猫和其他动物引起人类感染狂犬病的病例极其罕见，每年只有几例。推行强效的接触后预防措施（再加上流浪狗的显著减少）对于防止更多人死亡至关重要。如今，一个人不论何时被动物咬过或抓过，疑似接触到狂犬病病毒，都会采取接触后预防措施。虽然对于全美各地采取接触后预防措施的情况没有正规的报道，但在每年 3.8 万起狂犬病的接触后治疗病例中，绝大多数是因为人和疑似感染了狂犬病的猫接触。每一例这样的接触后预防治疗都会花费美国公共卫生部门和社区纳税人的 5000 到 8000 美元，全美每年总计至少花费 1900 万美元。

伴随户外家猫产生的这些疾病成为一个严重的公共卫生问题。不幸的是，还有更加阴险的病原体以猫为宿主。这些病原体的基本结构更复杂，生命周期也比传播鼠疫、狂犬病的细菌和病毒更复杂。它们附身其他物种之后，会经过一系列复杂的变化，既有物理的也有化学的，从而导致新的宿主改变其行为，使寄生虫持续繁殖和传播变得更为容易。这些寄生虫操纵宿主行为的能力，使宿主—寄生虫关系成为生物界最令人着迷的研究案例。这些有机体就是僵尸电影的灵感来源，而它们并非虚构，而是真实存在的。

刚地弓形虫是一种在全球广泛分布的单细胞原生动物寄生虫。它能操纵其一级宿主（比如猫科动物），最终也会操纵其二级宿主（其他动物，包括人类）以继续传播和生存，极具破坏性，可谓能量惊人。

弓形虫只在它的终宿主，即家猫和其他猫科动物的肠道中进行有性生殖。它们在猫科动物体内增殖，进行有性生殖，形成卵囊，也就是包含弓形虫合子（雌雄配子通过有机生殖结合形成的双孢子体）的包囊。这些卵囊最终经由猫粪大量排出，这个过程在猫初次感染后会持续几个星期。卵囊在自然环境中极其坚韧，能在各种条件下生存数月到数年，不论是浸在淡水或咸水中，还是埋在冻土中。然后，二级宿主如小鼠、大鼠和鸟类，有意或无意中摄入感染了弓形虫的猫粪，或是在被感染的环境中接触卵囊。（当然，人类也会接触到卵囊和弓形虫的其他形态——详见后文。）

一旦进入二级宿主，弓形虫卵囊就变形为一种叫作速殖子的虫体，开始快速无性增殖。速殖子入侵健康细胞时，大小相当于红细胞的十分之一，它们在健康细胞内快速分裂，造成组织坏死，并将弓形虫感染扩散到新的宿主有机体。最终，以一种叫作缓殖子的包囊形态感染肌肉和神经组织，尤其是脑部神经组织。这时候新的宿主开始出现奇怪的行为：正常情况下怕猫的，变得喜欢猫了。特别的一点是，猫尿的气味——一种普遍认为未曾感染的小鼠和大鼠必定会躲避的气味，仿佛成了一种魅惑的春药。而这正是弓形虫寄生虫想要其宿主出现的行为，因为这样能把感染后的啮齿动物变为容易捕获的猎物。被感染的宿主，连同它体内的寄生虫，被一个新的捕猎者（最好是猫或其他猫科动物）吃掉以后，寄生虫又可以开始有性生殖周期，感染新的宿主，排出卵囊，扩大它的范围。

弓形虫这类寄生虫真的能够为了自己的利益，操纵二级宿主生物的行为，使致命的猫科动物具有吸引力吗？牛津大学的研究者对于这个问题给出了一个响亮的回答：是。曼努埃尔·贝尔多和同事们在实验中检测了"寄生虫操纵假说"，人为地用弓形虫感染实验室大鼠，以证明寄生虫是否影响大鼠对捕鼠猫本能的惧怕。实验检测了 23 只被弓形虫感染的大鼠的夜间探索行为，并与 32 只未受感染的大鼠行为对照。所有大鼠无论感染与否，看上去都是健康的。大鼠被置于笼中，笼中铺有一层稻草，还有一个砖块筑就的迷宫。迷宫的角落随机铺上以下四种材料：大鼠自己的稻草垫，浸过水的新鲜稻草垫，浸过猫尿的稻草垫，或是浸过兔尿的稻草垫。研究者观测了大鼠整个晚上的行为，结果十分明显。正如所预料的，未受感染的健康大鼠对用猫尿处理过的迷宫区域表现出明显的厌恶，相比之下，被弓形虫感染的大鼠对此区域表现得有兴趣，和寄生虫操纵假说一致。这两类大鼠在有自己气味和兔子气味的区域则有同样的行为。这个结果契合寄生虫以某种方式微妙地操纵大鼠的大脑，从而引起行为改变的观点。但研究者尚未搞清造成弓形虫感染的那些包囊本身是怎样扰乱大脑神经回路的，还有吸引力效应是否真的是猫特有的——这种反应将会证实寄生虫操纵假说。

神经科学家罗伯特·萨波尔斯基是斯坦福大学的"约翰·A. 和辛西亚·弗莱·岗"终身讲席教授，他决定探索这些尚无答案的问题。此前他研究的是身体如何感知压力，并将其转化为体内的实际化学信号，从而影响脑化学和行动，这为新的探索奠定了有用的基石。

萨波尔斯基和阿贾·维亚斯、帕特里克·豪斯及其他几位合作者进行的两个研究项目表明：弓形虫感染不但会去除大鼠对猫信息素的恐惧，还会刺激大鼠，使其被猫信息素吸引。相当明显，这种吸引力是猫尿所特有的。他们的团队研究通过一个宿主—寄生虫演化的例子，证实了寄生虫确实能够为了自身利益来操纵二级宿主。萨波尔斯基和同事们也证明了，弓形虫包囊感染宿主后停留在大脑的边缘区域——大脑控制本能、情绪、防御性行为和性吸引的部分。弓形虫导致大鼠对猫产生类似性吸引的感觉，这注定是致命的吸引。现在已至少发表十项经同行评审过的科学研究，证实了这个发现。

这些跟人类有什么关系呢？事实上，由刚地弓形虫引起的弓形虫病是人类最常见的寄生虫感染之一。据统计，全球有将近 30% 到 50% 的人口感染了弓形虫，在美国则多达 22%（超过 6000 万人），其中少于一半的人是因为直接摄入猫（最有可能是家猫）排泄在环境中的弓形虫卵囊。还有很多是因为食用了未煮熟的家畜肉，这些家畜因摄入了被猫的排泄物污染的食物或水中的卵囊而受到了感染。囊中的弓形虫静静地待在肌肉中，会从食肉动物传播到食肉动物或杂食性

　　　　　　　　流浪猫战争：萌宠杀手的生态影响

动物（如人和猪），在食物链中增殖。

在有些国家，人感染弓形虫病的比例非常高。亚罗斯拉夫·弗莱格是捷克共和国布拉格的查尔斯大学的一位进化生物学家，他在学术生涯中主要研究弓形虫和弓形虫病的各个方面。其中一项综述研究是关于在88个国家的育龄妇女中的传播情况，结果发现感染率高低不一，从韩国的4%，到法国的54%、德国的63%、尼日利亚的78%和马达加斯加的84%。根据疾病控制中心的报告，不同国家的人口以不同的方式从他们的环境中感染了弓形虫卵囊，包括以下几种：

- 食用未煮熟的被污染的肉类（特别是猪肉、羊肉和鹿肉），和 /或接触被污染肉类后没有洗手而无意间摄入（弓形虫无法被皮肤吸收）。
- 饮用水被弓形虫污染。
- 通过接触含有弓形虫的猫粪无意间吞下寄生虫，可能是因为清理猫砂，接触任何沾染了猫的排泄物的东西，或是偶然摄入被污染的泥土（比如通过未洗净的水果或蔬菜）。
- 母婴之间的先天性传播。
- 器官移植或输血。[2]

某个人直接或间接摄入弓形虫卵囊的可能性有多大？仅仅在美国，每年就有120万吨猫的排泄物。

虽然猫具有传染性和排出卵囊的时间只有约三个星期，但卵囊几乎无处不在。研究调查弓形虫卵囊在美国加利福尼亚州、法国、巴西、巴拿马、波兰、中国和日本有多么普遍，估算结果是每平方英尺（约 0.09 平方米）有 3 到 434 个卵囊。猫喜欢在松软的土地上排泄，经常一有机会就选择花园和儿童游乐场地的沙箱，因此这类地方弓形虫卵囊的密度高得多。我们知道三岁以下的孩子每两三分钟就会把手放进嘴里，他们每天会摄入分量相当多（多达 40 毫克）的泥土，那些在不加盖的沙箱玩耍的孩子有极高的感染风险。我们中大多数人和孩子一起玩沙箱或在花园里劳作时，都碰到过那种小小的糖块似的东西。

还有一个感染渠道是饮用水。人类主宰的环境多以硬景观（hardscape，指人造设施）覆盖地表。在这种环境中，雨后径流挟带杀虫剂、泡沫塑料颗粒和包囊中的原虫（包括弓形虫卵囊）等进入淡水与海洋生态系统。正是这些水系满足了无数人的需求——通过灌溉农作物（胡萝卜、土豆和生菜），供养牲畜，以及灌满为整座城市供应淡水水源的水库。通过这种方式传播的弓形虫危害相当大。1995 年 3 月，加拿大不列颠哥伦比亚省的维多利亚市暴发了弓形虫传染病，至少 100 人被感染。传染的源头回溯至城市给水系统，但不能确定传染源是户外活动的家猫还是野生的美洲狮，因为在水域附近发现过这两种动物，二者都大量传播弓形虫。这并非孤例，在巴拿马、印度和巴西也因为饮用水暴发过类似的疾病，部分原因是卵囊能在极度严苛的环境条件下存活。弓形虫的生存能力及其影响使之成为和DDT 同一级别的环境污染源，甚至可能比后者危害更大。

只要摄入一个弓形虫卵囊，就足以引发感染。人摄入卵囊后，速殖子在疾病的急性期快速分裂，使人非常难受——发烧、疲惫和头疼。如果是免疫系统缺乏抵抗力的人，如艾滋病晚期患者，甚至会死

　　　　　　　流浪猫战争：萌宠杀手的生态影响

亡。研究尚未搞清免疫系统的疾病（如狼疮、纤维肌痛和慢性疲劳综合征），还有用于抑制人类免疫功能的特效药物（如 Cox-2 抑制剂），对潜伏的弓形虫感染可能有什么影响。自 1920 年代以来，人们已经了解到孕妇和她们的胎儿感染弓形虫的风险很高。如果在孕期的前三个月感染了弓形虫，十分之一的胎儿会流产或出现畸形，这个统计数字可能是少报的。因为这个问题，几十年来孕妇被警告要避免更换猫砂盆和接触猫的排泄物。虽然有这些警告，弓形虫的先天性传播在全世界依然持续发生。

对大多数人来说，一个健康的免疫系统能使活跃的弓形虫无效，进入潜伏阶段（以前以为是潜伏阶段，但是请看下文）。慢慢地，无性分裂的缓殖子在肌肉和神经组织（比如脑部神经组织）里形成包囊，在人们的有生之年一直存活。过去乐观的看法是：绝大多数和潜伏阶段的弓形虫共生的人们，很少有明确的可见症状。后来科学家的研究更加深入，发现缓殖子实际上是有活力的，仍在复制自身。事实上，感染弓形虫的一种表现是引发眼弓形虫病，也就是寄生于眼睛的包囊。如果这些包囊裂开，就会引起视网膜进行性和持续性的炎症，进一步导致青光眼，最终失明。可悲的是，这还不是人类感染弓形虫病最坏的表现。

多亏亚罗斯拉夫·弗莱格和其他开拓性的研究者（如曼努埃尔·贝尔多、吉特·迪贝、罗伯特·萨波尔斯基、E.弗勒·托里、乔安妮·P.韦伯斯特和罗伯特·H.约尔肯），从他们新近的研究中，我们越来越清楚这一点：人体在感染弓形虫的潜伏阶段并不像过去认为的那样没有症状。有大量的证据表明，人身上同样会出现相关的行为变化，正如大鼠和小鼠因感染弓形虫出现行为变化（如对猫尿的焦虑和恐惧减少，并且为其吸引）。弓形虫也会改变人的行为，可能是通过大脑内的化学变化实现的。关于弓形虫潜伏阶段（通过在血液中发现抗弓形虫抗体来检测）的副作用，已有上百个相关研究。除了和啮齿动物相似的行为变化，人体内有处于潜伏阶段的弓形虫时还会出现大量精神疾病症状，包括严重的抑郁症、躁郁症、强迫症和精神分裂。最近的一项研究在调查 20 个欧洲国家后发现，绝经的老年妇女自杀率和弓形虫接触率呈明显的正相关。丹麦的一项研究招募了 45,788 名在 1992 年到 1995 年间生育头胎的妇女，并追踪研究到 2006 年。研究者测量了这些妇女体内的弓形虫抗体水平，结果显示：和没有感染弓形虫的女性相比，那些感染者自杀的可能性大一倍，这与前面提到的在大范围内对欧洲妇女的研究结果一致。弗莱格认为就整体而言，或是通过感染的急性期，或是通过潜伏期表现出的精神和神经性疾病，弓形虫已成为过去几十年来上百万人（数量还可能更多）的死亡原因之一。

精神分裂症是一种严重的大脑失调，患者对于现实的理解不正常，还会出现幻觉、妄想症、极端的思维和行为错乱。美国有 1.1%（250 万）的成年人患有精神分裂症，每年相关的费用总额在 400 亿到 600 亿美元之间。精神病医生弗勒·托里是马里兰州切维蔡斯的斯坦利医学研究所的执行主任，他整个学术生涯都在研究精神分裂症。他出版过 20 部著作，发表过 200 多篇论文，其中很多作品的主题都是精神分裂症。托里和神经病毒学家约尔肯（巴尔的摩约翰·霍普金斯大学发展神经病毒学斯坦利分部的主任）合作，研究弓形虫这样的病原体如何可能导致精神分裂症的发作。在一篇相关论文中，两人对近50篇独立研究弓形虫抗体的存在与精神分裂症之关系的论文做出综述。他们采用元分析的方法（meta-analysis，也称定量综述，一种将多个研究成果整合在一起的统计方法，以确定是否存在一般或重大的影响），发现和未感染弓形虫的个体相比，感染了弓形虫的个体精神分裂症发作的可能性多了2.7倍。此外，近来有4项研究表明，和控制组成员相比，精神分裂症患者在童年时期和猫有更多接触。目前，弗勒·托里公开声明，尽管永久养在室内的猫是相对安全的，但他不会让一只在户外活动的猫，尤其是小猫，跟小孩接触。他担心接触猫的孩子日后有发作精神分裂症的风险。托里研究弓形虫和精神分裂症等精神疾病已有二十多年，他认为弓形虫的卵囊对公众健康有显著的危害。亚罗斯拉夫·弗莱格表示认同，认为疟疾这一当今公认为对人类最具破坏性的病原虫杀手的地位将被弓形虫取代。只要我们继续在户外放养猫，寄生虫就会四处传播。人类感染并发病后，大部分能够恢复健康，但是有些人可能余生都需要药物综合治疗。由于这种寄生虫在动物和人的神经及肌肉组织内形成包囊，它们不大可能被全部清除。问题越来越清楚了：弓形虫病是一种严重的动物传染病，也许是最严重的几种之一。它影响了全世界的人口，主要由户外自由生活的家猫传播。

弓形虫病也是野生动物的重大杀手，包括地球上最为濒危的一些物种。弓形虫的卵囊先是污染我们的土地，然后通过径流污染淡水和海水，接着进入食物网，最终导致各种海洋哺乳动物和鱼类死亡。

全球有三种僧海豹，它们都生活在热带海洋环境。其中加勒比僧海豹被公认已经灭绝。另一种是地中海僧海豹，据估计只有 500 只。第三种是濒危的夏威夷僧海豹，也是全球处境最为危险的海洋哺乳动物之一，据估计不到 1000 只，种群数量自 1989 年起以每年 10% 的比率减少。它们分布在西北夏威夷群岛和夏威夷主岛，面临诸多威胁，包括海洋垃圾、食物短缺，以及我们现在了解到的——弓形虫病。在夏威夷各个岛屿上，猫的数量极多，弓形虫病的存在和传播至少从 1950 年代就开始了。夏威夷经常下雨，猫的排泄物及其中所含的弓形虫卵囊随径流进入近岸海域的海水。在过去十年中共发现 8 只夏威夷僧海豹（2015 年有 2 只）因感染弓形虫病死亡，这很可能是低估的数字。美国联邦政府部门国家海洋和大气管理局（NOAA）负责夏威夷僧海豹的控制和保护，现已将户外生活的猫和它们散布的弓形虫卵囊视为对海豹的严重威胁。情况很明确：猫不仅捕杀本地野生物种，还散布弓形虫卵囊，间接害死这些物种。

　　另一个例子是夏威夷的另一个特有物种：夏威夷乌鸦。最后两个野生个体是 2002 年看到的，现在这一物种在野外已经灭绝。幸好已经实行圈养繁育，目前尚存 100 多只夏威夷乌鸦。人们以为这一物种最初数量减少是由于大鼠、獴科动物及猫的捕食、栖息地的破坏和弓形虫病的传入。调查疾病对野生鸟类的影响，和量化猫这类捕食者的影响一样，在野外极难进行。1990 年代，为了补充野外物种的数量，科学家给 27 只夏威夷乌鸦戴上无线电跟踪器，将它们放归野外。其中至少有 5 只鸟因感染弓形虫患病，1 只被捉回来治疗，后来慢慢康复，另外 4 只被人发现在野外死亡，判定死因是弓形虫病。考虑到夏威夷乌鸦对弓形虫病的敏感性，将来任何放归野外的尝试都必须考虑流浪猫和弓形虫的影响。

受弓形虫感染影响的物种清单很长，但是这种寄生虫在海洋哺乳动物中的势头是科学家始料未及的。死于弓形虫病的海洋哺乳动物包括海豹、海狮、海豚、西印度海牛、白鲸和海獭，我们很可能还会发现更多的受害者。弓形虫卵囊能在海洋环境中存活，并从陆地生态系统转移到海洋生态系统，沿食物链上行至顶层捕食者，这证明了它们坚韧的生存能力，也证明了这些生态系统是相互关联的。

在受弓形虫病影响的海洋哺乳动物中，海獭这个物种在地球上挣扎存活了很多年，现在已被列入美国的濒危动物清单。海獭在 20 世纪初期几乎灭绝，数量骤降至 1000 到 2000 只。虽然在美国西海岸加州到阿拉斯加的部分地区，它们的数量慢慢回升，但在美国其他地区仍在继续减少。捕猎、漏油事件和海水污染是海獭死亡最明显的原因，而弓形虫感染近来也登台亮相。加州大学戴维斯分校的一个团队和加州渔猎局试图分析海獭的死因。1998 年到 2001 年，他们对加州海岸上的 105 只死海獭做了尸检，发现弓形虫感染和鲨鱼攻击是两个主要致死因素，二者可能有关联。比起那些死于其他原因的海獭，被鲨鱼咬死的海獭之前受弓形虫感染的可能性多了 3 倍多。我们已经了解到弓形虫病是怎样改变啮齿动物的行为，也可以设想感染弓形虫病的海獭也许对它们长期的捕食者减轻了恐惧，或至少是因为生病而无法逃命。无论怎样，刚地弓形虫对于已经濒危的海獭、夏威夷僧海豹和其他很多物种，当然也包括人类，都造成了严重的威胁。

不幸的是，家猫身上还携带着另一些致死的病原体，包括猫白血病病毒。这种病毒对家猫和野猫都有影响，还会从家养动物传播到本地野生物种。

猫白血病病毒可见于全世界的家猫。美国有 2%—3% 的猫感染了这种病毒。这个比率随着猫的年龄、性别和身体状况而变化，在聚落猫中甚至可以高达 47.5%。猫只要感染了猫白血病病毒，就可能是致命的。被感染的猫很容易通过唾液、鼻腔分泌物、尿液和粪便传播这种病毒，它们会病得很重，这种病毒是家猫得癌症的主要诱因。如果病猫恰好被别的动物吃掉，病毒也会随之传播。

美洲狮的亚种佛罗里达山狮，就是一种受到猫白血病影响的濒危猫科动物。佛罗里达山狮的种群曾遍布整个美国西南部，但在 17 世纪开始大规模的垦荒后，数量大幅减少，到 1970 年代，种群仅在南佛罗里达孤立存在，数量减少至 20 只，濒临灭绝。今天，多亏佛罗里达州实行土地保护措施，并从得克萨斯州引入山狮以减少近亲交配，种群数量已增至 100—160 只。但是佛罗里达山狮绝对没有脱离困境，其他的威胁仍在持续，比如撞车事故和同类打斗所致的伤害。小种群造成的遗传畸形和免疫系统缺乏抵抗力等后果（正如第四章中所述），使这些山狮很容易患病。2002 年，一次源于流浪猫的猫白血病病毒暴发祸及佛罗里达州，到 2005 年至少已有 5 只佛罗里达山狮因此死亡。野生动物学家和兽医奋力救助，尽可能抓回未受感染的山狮，为它们注射一种新研发的疫苗，保护它们免受病毒侵害。

众所周知，美国还有两种本土猫科动物感染了猫白血病病毒并因此死亡，那就是全美都有分布的短尾猫和西部的美洲狮亚种。这两种野生猫科动物都捕食流浪猫，感染病毒后可能因此死亡。另外几个大洲的本土猫科动物，包括苏格兰、西班牙和法国的欧洲野猫，西班牙濒危的伊比利亚猞猁，巴西的美洲狮、虎猫和小斑虎猫还有更多其他物种，也感染了猫白血病病毒。

对于容易被猫捕食的鸟类、小型哺乳动物、爬行动物等很多野生动物，流浪猫确实构成了严重的威胁。它们猎杀的一些鸟种和哺乳动物都已濒临灭绝。另一方面，猫携带和传播的细菌、病毒和寄生虫——其中有鼠疫杆菌、狂犬病病毒和刚地弓形虫——也会加速野生动物的灭绝。此外，由猫传播的病原体波及数百万人，为我们这个时代的公共卫生带来巨大的挑战，人们却对此所知甚少。我们必须采取行动，减少流浪猫对动物和人类的影响。一个解决办法就是一劳永逸地将它们从环境中清除。

第六章　锁定目标问题

> 科学人士学会了相信理性的解释，不是通过信仰，而是通过验证。
>
> ——托马斯·赫胥黎

在流水与土地交界之处，一种独特的边缘生境出现了。各种片脚类生物、桡足类动物、蠕虫、蛤和蟹，在泥滩、沼泽和湖海岸上挖洞、疾走，产下大量的卵。200多种滨鸟演化出长短各异的腿和喙，每一种独特的适应性都是为了享用泥土和水体不同深处的这些宝贵的蛋白质资源（或者是生物自身，或者是生物留下的卵）。美国的滨鸟包括长嘴杓鹬、云斑塍鹬、斑翅鹬、大黄脚鹬、姬滨鹬。滨鸟中有一个科叫鸻科，在全球共有66个鸟种。大部分滨鸟在更遥远的北方繁殖后代，如北极和亚北极的冻土地带，一小部分则在温带地区的海滨繁殖，其中有一种叫笛鸻（*Charadrius melodus*）。

在罗杰·托利·彼得森的《鸟类野外手册》中，笛鸻在夏天和

　　　　　　　　流浪猫战争：萌宠杀手的生态影响

其他鸻的差异在于：它有淡色的背（干燥沙子的颜色）、非常短粗的喙和橙色的腿（在繁殖季颜色最鲜艳）。笛鸻个头小（和麻雀差不多大）而且颜色浅，是那种会被粗心的观鸟者忽略的鸟，或者会被误认为矶鹬或其他小型滨鸟。夏天，从加拿大滨海诸省到北卡罗来纳州，沿大西洋海岸线的沙丘、沙坪和海滩都有笛鸻种群分布，五大湖区湖岸和大平原北部的河湖湿地也有。冬天，来自这些不同繁殖地的笛鸻聚集在南大西洋海岸的海滩和堰洲岛，它们喜欢开阔的沙滩或是多岩石的海岸，范围从北卡罗来纳州到佛罗里达州，还有加勒比海的少数地方，墨西哥湾海岸沿线，往南一直到尤卡坦半岛。笛鸻捕食的猎物包括水陆交界处的海生蠕虫、昆虫、软体动物和甲壳纲动物。它们觅食的技巧是奔走—停驻—扫视，发现猎物后前倾，然后啄食表面。笛鸻还有一种"抖足"的进食方式，引发猎物的活动，目标就更明显了。它们名字中的"笛"取自鸟鸣，是一种哀戚的铃声般的哨音，通常未见鸟影先闻其声。

早春，笛鸻刚刚抵达北方的繁殖地，立刻开始生育大计。大多数鸟在海岸筑巢，它们找一个低洼处，四周以卵石和贝壳碎片点缀，然后产下 3 到 4 枚蛋。鸟蛋在 30 天内孵化出来，幼鸟出壳后 30 天内就能飞。尽管和周围环境非常调和，但是风暴和异常大的浪潮来袭时，鸟蛋和幼鸟依然非常脆弱。此外还有狐狸、浣熊、乌鸦、猫等天敌。捕食者出现时，成鸟常常上演假装"断翅"的一幕，将敌人从鸟窝旁引开。笛鸻对人类的在场也非常敏感，如果营巢的地点经常受到海滩游人的干扰——无论是越野型沙滩车，还是放风筝或野餐的人——它们就会弃巢。到了八月，笛鸻开始迁徙飞往南方，在美国南部、巴哈马群岛和加勒比海的非繁殖地度过秋天余下的时光和大部分冬天，来年春天再次迁徙北上。

海岸边缘栖息地的开发在"二战"后加快了节奏，导致笛鸻的数量骤降。目前生物学家估计只剩下大约 8000 只成鸟。1986 年 1 月 10 日，依照 1973 年通过的《濒危物种法案》（ESA），笛鸻被列入受胁和濒危的物种名录。列入名录的目的是保护物种，让种群数量回升到足够健康的水平，最终可以从濒危名录上除名。在五大湖区繁殖的笛鸻被认定为濒危（最严重的情况），而分布在大平原区北部和大西洋海岸区的种群被认定为受胁（或接近濒危）。在冬天的非繁殖季节，所有的种群都被当作濒危物种，因为无法确定它们来自哪一个繁殖地。美国鱼类和野生动物管理局认为笛鸻濒危有两个主要原因：一是栖息地丧失和衰退（海岸生境的开发，以及大坝和其他水利工程引起的水位变化）；二是鸟巢受到干扰，鸟被捕食（人类和天敌在营巢地点附近出现）。

美国将濒危物种定义为面临灭绝风险的动植物，以及在可预见的将来可能濒危的受胁动植物。根据《濒危物种法案》的规定，国会采取行动"保护受到威胁和濒危的鱼类、野生动植物赖以生存的生态系统"[1]。法案禁止"获取"列入濒危名录的物种，具体而言就是禁止"骚扰、危害、追赶、捕猎、枪击、伤害、杀死、诱捕、收集"这些物种的行为，或"有涉及上述任何行为的企图"。[2]

吉姆·史蒂文森在 2006 年 11 月 8 日这天早上，把一杆上了膛的点 22 小口径步枪扔进他白色的道奇小货车，此时他并没有想到《濒危物种法案》的具体条文，但是他铁了心，要阻止一群野猫再次"获取"笛鸻的罪行。这群野猫住在圣路易斯关附近，圣路易斯关海峡将加尔维斯顿岛和休斯敦东南方向墨西哥湾的福莱特岛相连。史蒂文森年届 50，身材敦实，在创立加尔维斯顿岛鸟类学会之前是高中科学课的老师。11 月 8 日的前一晚他去圣路易斯关观鸟。墨西哥湾海岸的这个地区在观鸟圈享有盛名，因其滨鸟数量很多，早春还有成百万只新热带区的候鸟在飞回北方气候区的途中在此停留，补充能量并稍作休息。那天晚上，史蒂文森悄悄地观察到桥边的沙丘有一小群笛鸻，还有一只猫尾随鸟群。这只猫的出现让史蒂文森大动肝火，他知道笛鸻是需要保护的濒危物种，这里却有一只到处游荡的猫，一个完全不受打扰的入侵物种。有这只猫在，将笛鸻种群数量恢复到《濒危物种法案》认定的"健康和有生命力"的程度的种种努力沦为笑谈。这个早上，史蒂文森到了圣路易斯关，在桥下的猫聚落中认出那只前一晚尾随笛鸻的猫。他用点 22 口径步枪瞄准，开火，猫随即倒地身亡。有个人注意到了史蒂文森的生态治安手段，他是约翰·纽兰，桥上公路收费站的工作人员。他听到了枪响，看到史蒂文森的货车开走。纽兰一直照料着这个猫聚落，定期为它们提供食物和水，对猫群渐渐有了感情。正如史蒂文森看到猫捕食笛鸻气愤不已，纽兰也对史蒂文森打死猫怒火中烧，他马上向当地警方报告。很快史蒂文森就被捕入狱，他被指控为虐待动物，在当时的得克萨斯州是一项要判处两年监禁和一万美元罚款的罪行。根据得克萨斯州法令关于"虐待非牲畜动物"的条款 42.09（2），如果一个人故意做出以下行为，就以虐待动物定罪：

1. 折磨动物，或以残忍的方式杀死动物，或导致动物身体严重受伤。

2. 未经主人的有效认可，杀死动物，施毒，或造成严重的身体伤害。

3. 养护动物时未能提供充足的食物、水、照料和栖身之处，做法不合情理。

4. 养护动物时不合情理地遗弃动物。

5. 以残忍的方式运输或关押动物。

6. 未经主人的有效认可，对动物造成身体伤害。

7. 引起两只动物（都不是狗）之间的打斗。

8. 在斗狗比赛训练或狗在赛场的赛跑训练中用活的动物作为诱饵。

9. 造成动物过度劳作。[3]

史蒂文森手里确实握着那把冒烟的枪，不过法律站在他这一边也不是没有可能。

史蒂文森的命运至少部分取决于得州对纽兰长期喂养的这群猫的法律定位。它们是宠物还是有害动物？这并不是一个简单的问题。《动物福利法》（《美国法典》第 2131 节）规定要仁慈地照料和对待宠物，很多州也有涉及动物虐待、疫苗接种要求和遗弃宠物处罚条例的成文法律。虽然大多数州都有不少关于狗的法规，但是很少有成文

　　　　　　　　　　　流浪猫战争：萌宠杀手的生态影响

的"猫法"——也没有法令确定户外流浪猫是宠物还是有害动物。在写作本书时，仅有罗得岛一个州的州法规定养猫需办理许可证。在另外几个州，如弗吉尼亚州和路易斯安那州，地方政府已率先建立了本州的养猫许可协议。

流浪猫在司法系统中的定位模糊，介于宠物和有害动物之间。密歇根州立大学法学院的"南希·希思寇特"财产和动物法教授大卫·法夫尔解释道："在法律的定义下，野化动物是曾被家养，后来逃走，在无人帮助的条件下生活在野外的动物。它们的定位不是野生动物，因此不在州鱼类和野生动物管理局的控制范围。"[4]州政府或地方政府如果愿意，可以通过明确司法权来达到立法的目的，但是并没有人强制要求他们采取行动。法夫尔教授认为，法律上的混乱，是因为不同地方采用了不同的公共政策手段，而这取决于决策过程中的政治压力和所能获得的信息。"问题的原因不是法律地位，而是对该做什么没有政治共识"，法夫尔教授补充道。

联邦法中有两个法案可能对吉姆·史蒂文森的案子产生影响，即1916年通过的《候鸟条约法案》（MBTA）和《濒危物种法案》。根据《候鸟条约法案》，任何个人（或实体，比如公司）违法后将被判处最高 1.5 万美元的罚款或最长 6 个月的监禁，也可能两刑并罚。公司如有违反《候鸟条约法案》的行为，如杀虫剂泄漏进入池塘（给鸟类带来风险），或是某个设施的高压电线安装不当（导致鸟儿触电死亡），都要被追究法律责任。帕米拉·乔·哈特利是佛罗里达州一名处理土地利用事务的律师，他提出这样一个问题：某个人把猫放归野外，那只猫又杀死了一只候鸟，那么这个人是否触犯了《候鸟条约法案》？当一家公司偶然发生化学物质泄漏，导致一只候鸟死亡时，这家公司需要为此承担法律责任，那么当一只候鸟的死亡可归咎于野外的一只猫或一个猫聚落，而猫或猫聚落的存在可以追溯至一个不负责任的宠物主人或照料猫聚落的人或组织时，这个人或组织为什么就不该为此负责呢？

史蒂文森被捕之时，《濒危物种法案》已经被成功地应用于起诉这种间接"获取"夏威夷濒危鸟种的行为，正如哈特利所指出的"黄胸管舌雀起诉夏威夷土地和自然资源局"一案。夏威夷州在公共土地上放养野化的绵羊和山羊用于狩猎，这些动物和猫一样，也是偶然引进的入侵物种。绵羊和山羊吃夏威夷本土树种金叶槐（夏威夷叫Māmane），而这种树给黄胸管舌雀提供食物和栖身之处。这种鸟是夏威夷管舌鸟的一种，目前的分布仅限于夏威夷岛茂纳凯亚火山的上坡区域。第九上诉巡回法院认为，破坏一个濒危物种赖以生存的重要生境对该物种造成危害。夏威夷土地和自然资源管理局对绵羊和山羊的出现负有责任，因此要被追究法律责任。此案宣判后，为了从生境中清除入侵的绵羊，夏威夷州将茂纳凯亚的狩猎季延长至全年，并取消了捕猎数量限制。除了增加休闲狩猎活动，还添了由土地和自然资源管理局开发的空中射击和坐车观看动物的项目。黄胸管舌雀的数量虽有较小幅度回升的迹象，但栖息地中还是有很多羊。仅2013年一年就从火山地带清除了3000只羊。哈特利提到，在佛罗里达州，一些地方政府颁布法规，维护猫聚落需得到批准。在这种情况下，野化家猫如造成濒危物种的死亡，这些市政当局就违反了《濒危物种法案》，要承担法律责任。那么如果猫聚落的个体杀死了濒危物种，聚落照料者也该被法律追责，这样的推想并不过分。而这正是史蒂文森的律师塔德·内尔森计划采取的辩护理由。

栖身在加尔维斯顿岛的圣路易斯关桥下的流浪猫聚落（在本书写作期间至少还有3只猫）只是这类户外猫聚落的万分之一而已。多种因素共同导致了美国都市、郊区和农村各地游荡的户外猫数量暴增。一个主要因素是不负责任的宠物主人的弃猫行为，另一个则是一批批不断增多的"聚落照料者"和其他不同程度地喂养和照料流浪猫的人，流浪猫的寿命因为他们而延长。还有一个因素是保护动物协会和收容站这类动物管理群体倾向"不杀"政策。不久之前，吉姆·史蒂文森可能会觉得没有必要特意去趟圣路易斯关；那里可能已经有动物管理官员在清除野猫，并最终施以安乐死——笛鸻将会免于沦为猫的猎物，也没几个人会对此有什么反应。

2005年，威斯康星州环境保护大会（后文将使用英文缩写WCC）在拉克洛斯召开春季会议，这个小城位于该州西南角与艾奥瓦州和明尼苏达州交界处附近。在会场上，消防员马克·史密斯走上讲台向参会人员建议：应该允许农民、打猎者和其他居民杀死流浪的家猫，以控制其数量。当时威斯康星州仍将所有家猫列入该州的受保护物种名录。史密斯自家的后院里来了一些流浪猫，它们聚集在喂鸟台的周围，伺机捕猎来访的鸟儿，这令他十分郁闷。史密斯说自己并不是憎猫之人，只是希望猫的数量能够得到控制。在拉克洛斯举行的听证会上，史密斯的提案以53比1的投票通过，这意味着提案将会被列入 2005 年威斯康星州 WCC 的议程。WCC 是该州为了收集公众关于环保问题的意见而成立的一个独立组织，它通过的提案不具法律效力，还要交给威斯康星州自然资源部（DNR）审查。

这并不是公众首次向 WCC 提出开放对流浪猫的"狩猎季"，上一次是在 1999 年，大会投票表决后没有通过，提案未能获得更多关注。威斯康星州自然资源部（还有其他政府部门）的雇员无疑非常希望后来为人所知的"提案 62"也是这种命运。

这份被称为"提案 62：野化家猫"的提案，在给投票公众发放的小册子上印着如下文字：

> 在威斯康星州所做的研究（此处指坦普尔和科尔曼的研究，详见第二章）调查了户外野化家猫的影响。这些研究显示，户外生活的野化家猫杀死了上百万只小型哺乳动物、鸣禽和供狩猎的野禽。它们每年杀死的鸣禽数量据估计在 4700 万到 1.39 亿之间。户外生活的野化家猫不是威斯康星州的本土物种。前文提到的这些猫确实杀死了本土物种，故而造成危害。
>
> 目前，户外生活的野化家猫没有被定义为保护物种或非保护物种，因此威斯康星州应该推进一步，将任何一只主人没有直接控制的猫，或主人没有系项圈以示归属的猫，界定为野化家猫。凡是符合这些定义的户外自由生活的野化家猫都应被列为非保护物种。这样威斯康星州就能界定户外自由生活的野化家猫，并将它们列入非保护物种名录。
>
> 62. 你支持自然资源部（DNR）采取措施，以上述定义来界

地点：北京，供图：杨洋

①

① 　　地点：北京大学，供图：张琴

② 　　地点：以色列耶路撒冷，供图：孙宇

③ 　　做过绝育手术的流浪猫，肚子上的毛剃掉了，
　　　地点：北京，供图：匿名

④ 　　地点：台湾花莲，供图：北千章

②

③

④

地点：台湾朝阳步道，供图：北千章

地点：上海音乐学院，供图：朱机

地点：兰州大学，供图：赵序茅

地点：台北西门町，供图：北千章

①

④

②

③

① 地点：日本，供图：敖程

② 地点：北京崇文门外，供图：徐亮

③ 地点：北京石景山区，供图：辽非

④ 地点：北京大学，供图：张琴

地点：不详，供图：匿名　　　　　　　地点：北京植物园，供图：花椰菜

定户外自由生活的野化家猫，并将它们列入不受保护的物种名录吗？[5]

在四月的第二个星期一，WCC 在全州共 72 个郡县同时召开公共会议，允许公众对涉及鱼类和野生动物保护法则变化的提案提出意见，贡献观点。那年的大会定于 4 月 11 日召开。獾州*还包裹在深冬的严寒中，流浪猫的支持者已经开始游说，争取让更多人反对提案。泰德·奥唐纳在麦迪逊地区开有一家名为"疯狂猫"的宠物店。他成立了一个叫作"威斯康星猫行动队"的群体，并在 2 月 16 日创建了一个网站 DontShoottheCat.com，网站名意为"不要打死猫"。这个草根组织受到很多媒体的关注，充分体现了流浪猫议题引发的狂热，尤其是护猫人士的狂热。几天后，一家地方非主流报纸做了相关报道，消息从这里传播到更多更远的地方，路透社、美联社和福克斯新闻都报道了此事。奥唐纳最终出现在美国广播公司（ABC）的王牌新闻节目《今晚世界新闻》上，经过介绍以后，他身穿印有"不要打死猫"字样的 T 恤，慷慨陈词，声称杀猫的猎手将会破坏威斯康星州的先进形象和旅游业。在另一次接受美国有线新闻网（CNN）的采访时，奥唐纳对斯坦利·坦普尔和约翰·科尔曼报告的正当性（报告内容见第二章）提出质疑，州自然资源部在提案总结中援引了这篇研究猫的捕食对威斯康星州野鸟类影响的论文。奥唐纳甚至暗示，报告结果是有偏差的，因为"坦普尔和美国鸟类保护协会有友好关系，而后者可能是全美最狂热的反猫游说团体"[6]。需要指出的是，美国鸟

---

* 獾州（the Badger State）是威斯康星州的别称。

类保护协会的声明是"献身于保护美国鸟类的事业"。安迪·贝弗斯多夫摄制的影片《小猫小猫到这儿来》精彩地记录了"提案62"引发的争议，以此来探讨更重大的问题：如何对待流浪猫。在影片中，威斯康星州自然资源部的一位代表报告说，在4月11日投票前的那段酝酿期，她一个人回复了两千个电话和五千封电子邮件。马克·史密斯和斯坦利·坦普尔报告说收到了死亡威胁。（坦普尔十年前的研究引来了针对他的刻薄攻击。）坦普尔在片中回放了他办公室电话上一个可怕的留言，一个女声咆哮道："你这个杀猫凶手，混蛋！恶有恶报，我宣布对斯坦利·坦普尔的狩猎季开放。"他还说到半夜会有车慢慢开上他家门口的车道，有几次早上他到办公室，发现门上还钉着威胁的字条。认识斯坦利的人们后来提到，那是唯一一次看到他如此心惊胆战。有必要指出：斯坦利从未杀死或提议杀死一只猫，他和"提案62"的面世也毫无干系。坦普尔说，这份研究报告的合著者——他的研究生约翰·科尔曼受到太多狂热分子的谩骂，甚至恐怖威胁，以致论文答辩通过后，再也不想跟猫有任何干系。

影片中有一处拍到4月11日麦迪逊召开的WCC上民意沸腾的场面。正如当时不止一家媒体所报道的，"联合能量中心"会场人头攒动，猫毛乱飞。一些与会者戴着猫耳朵，粘着猫胡子，另一些则穿着迷彩猎装。关注议题的公民表达自己观点的时候，主持人竭尽全力维持秩序和礼仪。一个女人走到麦克风前，说明自己拥有65只野猫，多年来为了照顾它们花费了几十万美元，听众闻之吸一口凉气，又惊又惧。一个男人指出，新提案的某些倡议者强调了猫不是威斯康星州的本土物种，但白种人也不是。台下闻之哄堂大笑。在这个喧嚣混乱的晚上，麦迪逊和其他 71 个郡县的参会代表投票表决，结果是 6830 票支持提案，5201 票反对。

虽然 WCC 的代表中多数（57%）支持威斯康星州的政策变化，允许猎杀"户外自由生活的野化家猫"，但这个提案成功无望。2005 年 5 月 17 日，WCC 宣布不再推进这项措施。虽然参会代表们投票通过，支持将提案交给威斯康星州自然资源部委员会，大会执行委员会却拒绝提交。提案如果要成为法律，需由自然资源部委员会批准，然后提交威斯康星州立法机构审核，后者需要再次批准。这些都确定以后，还需要州长的签名，才能最终立法。

从现实的层面看，即使"提案 62"真的成为法律，对于威斯康星州数量剧增的流浪猫的影响力也很微小。在明尼苏达州和南达科他州，猎杀猫目前是合法的，但这对那里的流浪猫种群影响很小。"我们对家鼠、野鼠、鸽子、椋鸟或麻雀没有多少影响。"坦普尔在纪录片的结尾说道。言下之意是将一个物种界定为不受保护的动物（比如他前面提到的那些动物）对于控制其数量并无效力。在农村地区，以突发的惨烈手段来处理多余的流浪猫已经相当常见，"打死、掩埋、然后闭嘴"就是这些地区的处理原则。没多少理由指望"提案 62"引起的骚动会改变这种行为。不过威斯康星州的媒体在后来几个月确实报道了农村杀猫的一些案例。其中有一个人叫美特尔·马利，号称"七旬老妪猫杀手"。老妇人承认，因为邻居的猫总是潜入她家后院袭击鸟儿，她多次要求控制这些动物也无济于事，所以只好给猫下毒。

十年之后，威斯康星州的"提案 62"引起的纠葛又反映了美国人对猫和鸟的什么态度呢？ WCC 执行委员会不愿将提案交给自然资源部委员会（虽然绝大多数公民投赞成票），人们可以据此得出结论：政治实体不愿支持猎杀猫的游说团体。的确，当时的州长吉姆·道尔在2005年4月11日召开大会前公开表示，他将拒绝签署提案。一些重要的保护团体，如最知名的奥杜邦鸟类学会，在这个议题上似乎也不情愿持强硬立场，大概是害怕部分会员因此疏远学会，毕竟很多爱鸟之人也养猫。

"就政策而言，什么也没有改变，"斯坦利·坦普尔近来被问及对"提案62"有什么反思，他这样回答，"关于处理流浪猫的政策，联邦机构一直没有回应。我从'提案62'中得到的最大教训就是别让媒体来操控信息。"[7]大多数媒体报道中，只有爱猫人士关于猫的行为和影响的言论，却没有另一方的反驳。美国当局仍在抵制（如果不是衷心反对的话）以致命手段控制流浪猫种群的主张。

在澳大利亚，流浪猫的控制措施有一种非常不同的指导理念，因为政府官员一致支持拯救大量濒危的本土物种，使其免遭灭绝。

家猫跟随欧洲人的脚步来到澳大利亚大陆，大概早在17世纪就出现了（随着遭遇船难的荷兰水手），而更确定的时间是在18世纪晚期英国人开始殖民活动时。澳大利亚和南极洲一样，没有任何猫科的原生物种。到了19世纪中期，除了湿地雨林地带和一些离岛，野化家猫的群落在澳大利亚大部分地区都有稳定的分布。19世纪晚期，澳大利亚又刻意将更多猫引入大陆，希望它们能减少非本土的兔类、鼠类种群。

前面提到过，猫是非常高效的捕食者，在这几百年的过程中，它们对于澳大利亚的原生动物产生了重大的影响，对陆地上非本土物种的兔、鼠则没有影响。事实上，很多小型哺乳动物（澳大利亚环境部确定为 27 种）和几种在地面栖息的鸟都已灭绝，很大程度上是因为猫的捕食。另一个外来物种狐狸毫无疑问也是一个因素。约翰·沃纳斯基是查尔斯·达尔文大学环境与民生研究所的教授，从事并参与生物多样性保护的研究、管理、宣传和政策制定，尤其是针对受到威胁的物种。他说："澳大利亚的很多哺乳动物很容易被野猫和狐狸捕获。在猫和狐狸被引入以前，这些动物没有相应的天敌。所有已灭绝的哺乳动物都是小型的夜行动物，生性羞怯，比如荒漠袋狸，是一种和啮齿类相似的小动物，曾经分布在澳大利亚中部的干旱地区。人们对这些动物谈不上有多喜爱，因为缺乏了解。这些动物的繁殖率低也是一个不利因素。"[8]

野化家猫和这些澳大利亚本土物种的灭绝有关，约翰·瓦姆斯利博士对这一观点的支持最为有力，他在某些团体中以"猫皮帽人"出名。从 1970 年代初期开始，瓦姆斯利参加公众活动的时候，就会戴着一顶猫的毛皮做的帽子，帽子正中间是一个猫脸。在 2005 年的一次采访中，瓦姆斯利回忆说，当时一些动物解放论者指出，他在自己的土地上对危害野生动物的野化家猫做出任何举动都是非法的，一旦他做了什么，他们就会用实际行动对付他。所以，他必须改变法律。瓦姆斯利的猫皮帽声明当然引来了关注，在这次采访中，他还说："我完全知道那些报纸是怎么报道的，死亡威胁就是这么来的。"[9]

"瓦姆斯利是有点古怪，但他绝对具有领袖魅力。"沃纳斯基说。

他认为瓦姆斯利的贡献可不止那顶引起争议的帽子。"他造了一些围栏，把猫和狐狸挡在外面，好让本土物种不受这些入侵物种的骚扰。这种创造无猫环境的实验显示，没有了捕食者，本土动物就可以兴旺发展。"猫皮帽人瓦姆斯利的怪异外表和他关于无天敌环境的实验确实有效，人们越来越关注猫对澳大利亚本土动物的影响。澳大利亚环境部进行的一项研究分析了 27 种原生动物灭绝的各种因素，结果表明猫是其中一个因素，这让澳大利亚政府的决心更加坚定。沃纳斯基解释说："这项报告一经发布，关注本土物种福利的团体就设法说服联邦环境部长，一定要在澳大利亚本土动物的问题上划清底线。这是反对野化家猫运动的最好机会。"

澳大利亚从以仁慈的致命手段控制野化家猫的观点到落实具体的政策，花了大约 20 年时间。在这个语境中，"仁慈"意味着"遭受最少的痛苦"。澳大利亚 1992 年颁布的《联邦濒危物种保护法》将野猫的捕食列为一个重大威胁。这促使 1999 年澳大利亚环境部发布针对野化家猫的《威胁清除计划》（英文缩写为 TAP），2008 年又由澳大利亚环境、水、遗产和艺术部（当时的环境部）发布了更新版。2008 年的新版声明："虽然 TAP 的理想目标是将猫从大陆上完全清除，但以现有的资源和技术是不可行的。在那些猫对物种多样性造成最大威胁的目标地区，仍然要抑制猫的种群数量，设法减轻它们的影响。"[10] 这份政府文件强调减少猫的数量只是作为保护和改善本土物种的恢复手段，而不是为杀戮而杀戮。TAP 还强调"野化家猫的控制手段应为有效的、针对具体目标的、仁慈的和从整体考虑的"，并着重提到"针对 TAP 目标和行动，以及野化家猫的控制和管理，所有利益相关方应该增进了解，深化认识"。除了 TAP 和其他减轻猫对野生动物的影响的提案，澳大利亚很多州和地区还颁布了法律，限制家养宠物猫的繁殖和捕食。在地方上，很多市政当局颁布法律，如在某些社区禁止养宠物猫，对宠物猫强制绝育、进行个体识别和控制。

2015 年 7 月，澳大利亚政府宣布，到 2020 年前要宰杀多达 200 万只野化家猫，这是为了挽救 100 多种面临灭绝威胁（至少部分由野化家猫造成）的哺乳动物，包括袋食蚁兽、兔耳袋狸属、袋狸属和草原袋鼠属的物种，还有 30 多种鸟，包括斑鹑鸫、红眼斑秧鸡、雨燕鹦鹉和橙腹鹦鹉。澳大利亚环境部部长格雷格·亨特宣称："我们今天要表明立场，那就是：'在我们眼皮底下，在我们的时代，将不再有物种灭绝。'"[11]

宰杀计划很大程度上取决于一种毒饵是否奏效，这种名叫"好奇"的毒饵裹在没有肠衣的香肠里面，是专为吸引猫而制作的。"好奇"是之前一种名叫"根除"的猫饵的改良版，在袋鼠肉、鸡肉和增味剂中加入了一剂氨基苯丙酮（PAPP）。氨基苯丙酮在动物的血液中发生作用，将血红蛋白转化为高铁血红蛋白，通过抑制呼吸导致死亡。摄入氨基苯丙酮后，死亡就像是沉入深深的睡眠再也无法醒来。在选定地区进行的试验表明，非目标物种，也就是野化家猫以外的物种，对毒饵没有兴趣，它们就算真的尝试下口，也会吐出含有氨基苯丙酮的胶囊。此外还在研究一种方法，是通过口腔清洁而不是诱饵来散布氨基苯丙酮。英国皇家防止虐待动物协会指出，摄入氨基苯丙酮的猫死去时没有痛苦。澳大利亚的野化家猫在大部分农村地区分布广泛，对该地的本土鸟类和哺乳动物物种威胁最大，但是无论从经济角度还是操作角度，诸如捕捉、射杀、在大片地区竖立屏障来保护野生动物免遭捕食等控制手段都不可行。而毒饵则可以由飞机播撒在重要地区。（需要注意的是，毒饵投放地点远离人口密集的中心，所以在户外活动的宠物猫接触到"好奇"毒饵的危险很小。）在有野化家猫种群的澳大利亚岛屿，包括圣诞节岛上，也正在实施消灭计划。

澳大利亚政府为消灭野猫投入了大量资源，（从 2015 年开始）项目最初 4 年的花费超过 1 亿澳元。研究者也在探索给野猫种群引入病毒的可能性，有些人认为这种方式是全面消灭野猫的最好机会。

为什么澳大利亚人能够包容扑杀野猫的做法呢？是因为他们的性格中有深刻的厌猫情结吗？或者说得好听一点，是漠不关心？并不尽然。澳大利亚濒危物种委员会委员格雷戈里·安德鲁被问及澳大利亚人对猫的态度时说："家猫是很多澳大利亚人心爱的宠物，但是越来越多的群体意识到，户外活动的野化家猫确实对野生动物有致命的危害，特别是对我们的小型哺乳动物、蜥蜴、蛙类和在地面营巢的鸟类。澳大利亚人珍惜他们独特的本土动物，这些物种对于澳大利亚的文化身份非常重要。"[12]

大多数澳大利亚人渐渐接受了政府清除野猫的举措，但一些局外人觉得有必要反对。法国女演员碧姬·芭铎直言："这种对动物的大屠杀是残忍和荒唐的。"她认为澳大利亚应该对野化家猫实施绝育手术，而不是屠杀。英国流行歌手莫里西也随声附和，将澳大利亚政府称为"一个绵羊农场主协会，对动物福利或动物尊严没有丝毫关心"。[13] 正如我们前面提到的一些例子，这些直言不讳的爱猫人士似乎忽略了一点，那就是外来捕食者对于本土动物的"屠杀"，他们对于澳大利亚大陆上的 100 多种濒危物种没有表现出多少"尊重"。

毫无疑问，澳大利亚人重视的是受到野猫危害的本土动物。与此同时，在邻近的岛国新西兰，被尊崇为国家象征的几维鸟尚存 5 种，都面临灭绝的危险。这是一群入侵性捕食者造成的，其中包括白鼬、雪貂、狗和猫。濒危的不只是几维鸟，新西兰有不少其他本土鸟类也面临着史蒂文斯岛鹪鹩的命运（见第一章）。如卡卡鹦鹉（the New Zealand Kaka）、新西兰秧鸡（the Weka）、北岛垂耳鸦、黄头刺莺属和鞍背鸦属，都沦为猫和其他入侵性捕食者的猎物。一个名叫加雷斯·摩根的新西兰人非常担忧这种情况，他是一个经济学家，后来转行做投资人，之后又成为慈善家和社会活动家。摩根想为此做点事，他也有足够多的手段和机智。

2013 年 1 月，摩根发起了一个叫作"让猫消失"的运动，这让新西兰的爱猫人士怒火中烧——新西兰据说是世界上养猫人口最多的国家。表面上看，摩根的手段没有什么狡猾之处。宣传网站主页开篇就宣称："你养的这个小绒球是一个天生的杀手。"接着写道："新西兰的猫每年都在毁灭我们的本土野生动物。事实上，如果我们关心我们的环境，猫就必须消失。"这个用一些稍显怪异的卡通猫形象做装饰的网站强调了户外活动的猫给新西兰野生动物造成的危害，警示人们所有这些被允许在户外活动的猫都是捕食者，虽然它们看似性情温柔。（"事实上，你的毛茸茸朋友是一个活跃在邻里间的连环杀手。"）

网站上还描述了一个猫尚不存在的古早的新西兰，并严责防止虐待动物协会对 TNR 项目的纵容。[14]

摩根基金会的办公处设在新西兰首都惠灵顿海滨附近一栋老砖楼的二层。惠灵顿是个赏心悦目的城市，有点像小号的旧金山，陡峭的山坡延伸到兰姆顿港口边。办公处的布局是开放式的，几个员工端坐在电脑的大屏幕前。摩根脑门很宽，唇线下方有一圈红棕色的胡须，这给他添了一丝忧伤的神色，举止透出一点狡黠。他解释，"让猫消失"运动源自一个叫作"我们遥远的南方"的计划。"我们当时从各行各业抽选了一些新西兰人作为代表，和几位科学家一起登上轮船，向南方进发，在亚南极的岛屿登陆，和大自然亲密接触。"摩根在咬下两口早餐三明治的间歇时说。[15] 此行的理念是，人们看到岛屿的环境，就会更深刻地意识到新西兰的岛屿和大陆面临的生态问题。摩根和同去的旅伴们离开的时候都有了新的认识，了解到外来的捕食者，特别是鼠类，对于在岛上繁殖的鸟类数量造成的影响。在这样一些小岛上已经采取了措施，来消灭以海鸟蛋和雏鸟为食的啮齿动物。

"这让我们开始关注我们自己岛屿上的一些入侵捕食者，"摩根接着说道，"我们决定看看是否能够除去安蒂波迪斯群岛上的小鼠，岛上唯一的哺乳动物物种。"这个项目被命名为"百万美元灭鼠"，计划筹资 100 万新西兰元来达成任务。新西兰人为此捐了 25 万新西兰元，世界野生动物基金会资助了 10 万新西兰元，摩根给筹来的每一元配捐一元。这样就有了足够的项目启动资金，新西兰环境保护部承诺资助其余的部分。灭鼠项目依靠的是毒饵，定于 2016 年春天正式开始。"百万美元灭鼠"项目实施得相当容易,于是摩根及其团队开始寻求更大的岛屿。"斯图尔特是新西兰第三大岛,所以我们开始研究它的情况,"摩根说,"我们了解到岛上的入侵性捕食者是袋貂、大鼠和猫。'猫吗?'我问。'猫在其他地方是捕猎者吗?'人们告诉我的确如此,尤其是在城镇上。"就这样,"让猫消失"的计划诞生了。

摩根喜欢开玩笑,说"让猫消失"的计划让他成了新西兰最遭人恨的家伙。当然,这个计划让更多人关注到猫捕食鸟类的问题,这一直都是目的所在。在摩根看来,一只伏在你大腿上、待在家里的猫没有问题,但他想要的是让户外生活的猫从大地上消失。和美国一样,新西兰没有关于户外猫的任何许可,在宠物猫和非宠物猫之间也没有正式的界限。既然现在户外猫的问题已经进入了公众话语,摩根基金会就开始努力推动相关法律的制定,以正式确定界限。摩根采取的有害生物控制手段是,将所有宠物猫一一登记并植入芯片,再提供一笔开支,雇用动物管理组织的官员们收集户外活动的猫,捉到后检查是否已被植入芯片。有芯片的宠物猫主人会收到通知,允许在几日内领回他们的宠物;假如无人认领,那些猫将会被处死。没有芯片的猫也会被当作有害生物处死。基金会的目标是游说(决定当地政策的)地方行政部门落实这个项目,证明项目可行,然后推广到全国。摩根认为已有的控制手段是针对其他入侵性捕食者的,现在该轮到猫了。

"人们常说:'城市里没有野生动物,为什么要自找麻烦?'"摩根端着手中的咖啡,边比手势边说,"阻碍鸟儿在城市落脚的不仅是混凝土,还有该死的猫!"为了证实这一观点,摩根买了一套野外狩猎相机（红外触发相机），布置在自己威灵顿的宅院中。这种相机是由动物经过时的动作触发的，猎人和生物学家用它们来监测出现的猎物和其他动物。第一晚，相机记录到 9 只不同的猫穿过他的地盘。摩根又买来更多相机，布置在威灵顿其他住家的院落中，镜头记录到来访的猫数目惊人，以整个城市的范围和一年的时长来推断，数目估计多达 4900 万。

威灵顿的山丘距离市中心只有十分钟车程，这里有一个独特的自然保护区，名叫"西兰蒂亚洲"。保护区面积将近一平方英里，新西兰的一些本土动物就住在这个没有捕食者的家园里，其中有形似蜥蜴的楔齿蜥、缝叶吸蜜鸟、北岛鞍背鸦和小斑几维鸟。"西兰蒂亚洲"保护区成功的关键是将捕食者拦在门外，包括户外活动的猫。为此专门设计了一种非常昂贵的围篱，竖起围篱，就能阻止山谷中大约 13 种非本土哺乳动物进入保护区。在测试中，围篱样品能够阻止动物一系列不同方式的入侵，如跳、攀爬、挖洞和挤过狭小的空间。该围篱由三部分组成：一个拱形的顶、一面金属丝网和一个延伸到地下的部分。围篱完工于 1999 年，长约 5 英里，将卡罗里水库山谷完全包围起来，耗资 2400 万新西兰元（不包括设计费）。每年维持"西兰蒂亚洲"保护区的花费远远超过 200 万新西兰元。

"在我看来，'西兰蒂亚洲'是世界上最昂贵的猫粮工厂，"摩根伸出双臂说，"鸟儿飞出围篱，嘭！被一只猫抓住了。我一直在问，如果不解决猫的问题，为什么要把钱浪费在一个鸟类避难所上？我想让纳税人思考他们交的钱去了哪里。人们总是跟我说：'我的猫是好猫，他 / 她不杀生。'但是，只要猫在外游荡，它就会杀死猎物。我有一次跟首相（约翰·基）交谈，他说他的猫'月光'绝不会杀死一只鸟。我说：'为什么不给它做个尸检？要是肚子里一根羽毛也没有，我给你买只新的猫。'"

假如不扭转现有的趋势，新西兰的 5 种几维鸟中，据估计至少有一种将在未来 50 年中灭绝。

几维鸟、橙腹鹦鹉和笛鸻的命运至少部分取决于能否抑制入侵性捕食者，其中就包括户外生活的猫。压制手段除了涉及法律、政治和运筹问题，还有一个巨大的伦理及哲学问题：一个物种的命运是否比个体成员的命运重要？在另一个层面上则是，动物个体的命运是否比一个生态系统重要？

我们的世界正在日益缩小，越来越多的动物出现在并非它们原生环境的地方，于是消灭一种动物来拯救另一种的情形也更常见。在太平洋西北地区，太平洋鲑属（大麻哈鱼）和虹鳟属数量锐减，很多亚种已被列入濒危名录。哥伦比亚大河是俄勒冈州和华盛顿州的界河，这些鱼从海洋洄游到它们出生的地方产卵，归途的主要路线就是哥伦比亚大河，而这里已经变成了一个战场。在河口处，美国陆军工程兵部队计划消灭多达 2.6 万只角鸬鹚，它们捕食的正是离开大河游向海洋的幼年太平洋鲑。1.1 万只成鸟将被杀死，还会以给蛋壳抹油的手段杀死 1.5 万只未出生的雏鸟。从河口往上 150 英里，等待越过博纳维尔水坝鱼梯的成年大鳞大麻哈鱼面对的是另一种捕猎者——加州海狮。爆竹枪（声音和爆竹一样，但不会致伤）和其他非致命的威慑手段都无法成功阻止加州海狮捕杀鲑鱼，于是华盛顿、俄勒冈和爱达荷三州的野生动物组织获得联邦授权，给问题动物实施安乐死，目前已杀死近100只海狮。上述几种情况都是杀死一些本土物种来尝试拯救另一些本土物种。

对于爱鸟人士来说，这种令人烦忧的戏剧化场景，即杀死一种动物以求维持另一种动物的生命的场景，也在太平洋西北地区上演着。在北加利福尼亚州、俄勒冈州和华盛顿州的原始森林，横斑林鸮正在取代（很多时候是杀死）受到威胁的北方斑林鸮。甚至不关注环境新闻的人可能也记得1990年代初期关于斑林鸮的争议——是否在大片林地减少伐木，为斑林鸮这种严重濒危的鸟保留栖息地。斑林鸮在猫头鹰中属于身形很小的种类，很少能在野外看到。伐木业被遏制后，伐木工人、环保主义者和执行伐木禁令的官员僵持不下，彼此充满怨恨，有时甚至诉诸暴力。从加州的尤里卡沿着101号公路开到华盛顿州的福克斯，一路经过的小镇上，人们会碰到挂着"此处供应斑林鸮"招牌的餐馆，还会看到印着"我喜欢斑林鸮——油炸的"的汽车保险杠贴纸。

横斑林鸮曾经以美国东部为家，但从1949年开始，它们在不列颠哥伦比亚省北部出现了。慢慢地，它们向南部转移，到1960年代末到达华盛顿州，到1970年代末到达俄勒冈州，到1980年代中期到达加利福尼亚州。横斑林鸮和北方斑林鸮需要同样的栖息地，但前者体形更大，性情更凶猛，接受的食物种类更多，生存所需的地区更小，因而更具竞争优势。于是在横斑林鸮盘踞的地方，北方斑林鸮的数量骤降。

　　　　　　　　　流浪猫战争：萌宠杀手的生态影响

为尝试减少横斑林鸮对北方斑林鸮的影响，联邦官员准许在四个限定的地区进行试验，雇用神枪手来减少横斑林鸮的数量。神枪手们得到授权，最多可以在选定的地区射杀 3600 只横斑林鸮。其中一个神枪手是一位退休的野生动物学家，名叫洛威尔·迪勒*。在接受《国家地理》采访时，迪勒提到自己在射死一只通常让他爱护有加的野鸟时，内心有深深的挣扎。"我第一次出门打鸟时，整个人都在发抖，我必须努力让自己镇定，"他回忆道，"我不确定自己是否真能下手，打死这样一只美丽的猛禽是如此大的罪过，到今天我都觉得良心不安。"[16]在此书写作之时，迪勒已经射死了大约 100 只横斑林鸮。波特兰奥杜邦学会的保护部门主管鲍勃·赛林格总结了消灭一种猫头鹰来拯救另一种的两难问题："一方面，杀死上千只猫头鹰是让人完全无法接受的；另一方面，北方斑林鸮的灭绝也是让人完全无法接受的。"[17]

　　牺牲一个物种以拯救另一个物种，是让很多伦理学家都纠结的问题。比尔·林恩博士（马萨诸塞州伍斯特的克拉克大学乔治·珀金斯·马什研究所的研究员、洛杉矶洛约拉·马里芒特大学城市复原力研究中心的伦理与公共政策高级研究员、波士顿地区塔夫茨大学动物和公共政策研究生项目前负责人）曾受雇于美国鱼类和野生动物管理局，评估宰杀横斑林鸮的动议。他的结论是：北方斑林鸮数量的减少大半责任要归在人类头上，是森林过度砍伐所致。在一些人为干扰更少的原始森林，北方斑林鸮和横斑林鸮这两个物种本来可能存在一种

---

* Lowell Diller（1947-2017），生前是美国洪堡州立大学的野生动物学教授、加利福尼亚州阿卡塔市森林管理委员会资深委员。北方斑林鸮的保护项目就是在他的研究基础上创建的。他本人在射杀横斑林鸮后，曾撰文探讨这种手段的伦理问题。

不同的动态竞争。林恩认为：因为问题的出现和人类有关，所以人类有责任弥补北方斑林鸮这个濒临灭绝的物种受到的危害，即使这意味着杀死另一个物种中的一些成员。他将宰杀计划称为"一种悲哀的善"。[18]

另一个学派认为环境保护的常规手段，也就是维持或改善本土物种赖以生存的环境，可能会忽视野生动物的生活体验。这个思路被称为"慈善保护"*，以记录动物的认知和情感状态的研究为出发点，如甲壳纲动物能学会规避疼痛，蜜蜂可能出现悲观情绪。

慈善保护派的代言人是马克·贝克夫，博尔德的科罗拉多大学生态学和进化生物学前教授，后来他与简·古道尔共同创建了"动物行为学家支持人道对待动物"组织。贝克夫的逻辑是：我们对动物如何思考和感受了解得越多，就越难忽视我们给它们施加的痛苦。"每一个动物个体的生命都应珍视。"[19]贝克夫这样写道。根据这个原则，贝克夫认为杀死一个物种的成员来拯救另一种是无法接受的。

回到得克萨斯州，吉姆·史蒂文森在圣路易斯关大桥下杀猫激起的怒火引发了一场辩论，焦点正是杀死户外猫来保护一个濒危物种的伦理问题。J. 贝尔德·卡利科是北得克萨斯州大学的特聘哲学教授、《环境伦理和哲学百科全书》的主编之一，他看到了这个问题的二元性。卡利科教授接受《纽约时报杂志》的采访时说："在加尔维

---

* "慈善保护"（Compassionate Conservation）作为一个跨学科领域，倡导对所有野生动物予以尊重、公平和同情。其四个指导原则为：不制造伤害，心系每一条生命，包容每一种动物，人与动物和平共处。

斯顿岛这个案例中，从动物福利的角度来说，囚禁猫和打死猫都不对。但从环境伦理的角度来说则是正确的，因为一个物种整体的生存受到威胁。我个人认为，环境伦理应当高于动物福利伦理。不过动物福利伦理学家也可以从个人出发，持有相反的看法。"[20]赫尔姆斯·罗尔斯顿三世是科罗拉多州立大学的特聘哲学教授，著有《新环境伦理学：地球生命的下一个千年》。他也认同卡利科教授的观点，但是没那么高调。"野猫是一个本不属于那个环境的外来物种，笛鸻是一个在那种环境自然演化的物种，你是在拿这两者做交易。你是在拿一个濒危物种笛鸻，同猫这个没有灭绝危险的物种做交易。痛苦——无论猫的痛苦或是鸻鸟葬身猫腹的痛苦——在这个情境中是不相干的。"[21]

吉姆·史蒂文森有一年多的时间在等待这场将会花费他1万美元和两年人生的审判。他依然去加尔维斯顿岛观鸟。审判从2007年11月12日开始，地点是加尔维斯顿地方法院，由地区法官弗兰克·卡莫纳主持庭审。时任加尔维斯顿县地方助理检察官的佩奇·L.桑特尔指出，史蒂文森残忍地枪杀猫，致使猫缓慢而痛苦地死去。"鲜血汩汩地流。"她极力强调大桥看守者约翰·纽兰对猫的照料：他为猫提供食物、卧具和玩具，甚至还给猫起名叫"猫妈妈（Mama Cat）"。而史蒂文森的辩护律师塔德·纳尔逊反驳说，如果没有其他措施，比如给猫做绝育手术或是购买项圈和标签，给猫买些食物和玩具并不意味着你就是它的主人。纽兰的行为表现出对猫的情感，但这和养猫是两回事。在辩驳的过程中，由八女四男组成的陪审团看到了犯罪现场的照片，庭上还展示了史蒂文森的点22小口径步枪和一弹匣中空弹。

在庭审的休息时间，史蒂文森告诉一个记者，说那些谴责他、发来恶毒邮件的爱猫人"觉得鸟跟几根棍子差不多"，"而我做了我该做的事"[22]。

审判持续了三天，陪审员花了两天零八个半小时仔细讨论案情。最后，陪审团团长告知卡莫纳法官，他们无法达成一致意见。11月16日，法官宣布这是一次未决审判，因为陪审员无法做出裁决。此后不久，加尔维斯顿县地方检察官科克·西斯特朗克宣布史蒂文森不会受到复审。决定宣布以后，史蒂文森满怀希望。"我认为地方检察官迈出了积极的一步，在团结爱鸟和爱猫人士上有了一些进展，还省下了大笔费用。"他告诉记者。[23]

这一裁决（或者没有做出裁决）是否团结了爱鸟和爱猫人士，还有待商榷。"猫的卫士（Cat defender）"是流浪猫支持者中很有名的一个博客，上面发布了一篇文章，语气依然强硬：

> 全世界的爱鸟人士仍在纵情欢呼，上周五下午连环杀猫凶手詹姆斯·M.史蒂文森在加尔维斯顿法院里打了大胜仗。就连这位通常神色阴沉的厌猫怪物大摇大摆走出法院时，也很难克制兴奋之情，他窃喜于对美国司法制度的嘲弄。
>
> 在持续了两天加不到八个半小时的讨论之后，由八位女士和四位男士组成的陪审团告诉法官弗兰克·卡莫纳，他们陷入绝望的僵局，法官随后宣布审判未决。虽然这个虐待狂杀手只需要一个爱鸟者或恐猫者为他投一票，就能造成悬而不决的局面，这一次他却有了四个支持者。[24]

得克萨斯州史蒂文森一案引起的骚动至少导致了一个结果。2007年9月1日，得克萨斯州立法机构更改了关于虐待动物的法规，在禁止杀害家畜的规定中取消了动物的所有权问题。新法规特别对"野猫"实施保护。

假如史蒂文森是在2007年9月2日打死了"猫妈妈"，他肯定会被判有罪。令史蒂文森尤为气愤的是，2015年3月，加尔维斯顿市政局以六比一投票表决，同意实施 TNR 项目。毫无疑问，在加尔维斯顿湾的沙丘间将出现更多的"猫妈妈"。

第七章　TNR——绝非解决之道

对自己所知不多的问题，最容易给出建议。

——马尔科姆·福布斯

　　波特兰市的俄勒冈州爱护动物协会（Oregon Humane Society，OHS）有一个舒适的场所，高屋顶，大窗户，夏日的阳光倾泻而下。在大厅的前部是猫崽领地，猫崽们在一个封闭的玻璃小房间玩耍。七月的这一天，一只灰色小猫正和一只花斑猫扭打玩耍，室内的窗台上有只白脖子黑猫注视着它们。另一只小白猫正用爪子拍打一个羽毛玩具。窗外，一个一岁半的小女孩着迷地看着猫崽活动，偶尔她轻拍窗户，叫道："嗨，猫咪！" OHS 的猫崽摄像机还能将所有有趣的内容传送到你的台式电脑。这些小猫都是供人领养的，它们对来访者很有吸引力，大多也十分可爱，大概不难找到领养家庭。

　　再往里走 50 码（约 46 米），大约有 83 只猫，有些在不锈钢笼子里休息，另一些躺在手术台上，处于麻醉的不同阶段。如果一切依计划行事，在不久的将来，大波特兰地区的小猫数量会变少，因为现在所有这些小猫，或者处于切除卵巢或阉割手术的术后恢复阶段，或者准备接受绝育手术。

在对猫的管理问题上，爱鸟和爱猫群体难得意见一致，但有一点大家都承认，那就是户外的流浪猫数量实在太多了。从美国鸟类保护协会到美国爱护动物协会，各大群体都同意，控制数量最有效也最人道的方式是给尽可能多的猫做绝育手术。这些侵入性操作既快捷（切除卵巢手术 4 到 6 分钟，阉割手术不到 1 分钟），又便宜（俄勒冈爱护动物协会做卵巢切除手术花费 42.5 美元，阉割手术花费 32.5 美元），而且不论是非营利的爱护动物协会、城市或县里开设的动物收容站，还是私人兽医诊所，都可以提供服务。浮动价格（低至免费）让社会各个阶层的人都能接受。

几乎所有人都认为给猫做绝育手术十分重要。宠物猫绝育的比例非常高，经美国爱护动物协会统计，91% 的宠物猫都做了绝育手术。户外猫的绝育率则是未知数，但比例肯定低得多，据一些统计可能低至 2%。观点的分歧在于，给户外放养的无主流浪猫做过绝育手术后，该如何处置。大多数支持户外猫权利的团体，还有数量多得令人吃惊的市政和主流动物福利组织，都赞成 TNR。TNR 的具体措施正如其名所示，志愿者通常在有人照料的猫聚落所在地将猫诱捕，然后带到诊所，由兽医进行睾丸或卵巢切除手术，使它们丧失生育能力。猫恢复以后，再放回原先捕捉的地点去继续生活。

萨拉·史密斯（为保护个人隐私，此处用化名）是一个六十多岁的志愿者，她耗费了大量时间和资源诱捕户外猫，带去诊所做绝育手术，再将它们放归原地——当初捉到猫的农村地区或是城市公寓区。她做 TNR 已经有十多年了，最近一次是在俄勒冈州的威拉默特谷。史密斯和丈夫从东海岸迁到此地，还带着他们收留的 7 只猫。她本来不打算在俄勒冈介入流浪猫的事，但是发现自己看不得猫受苦。作为一个爱护动物的人，她觉得自己必须做点什么。

萨拉·史密斯并不是一开始就喜欢猫。她原本在中西部长大，所有的亲戚都养狗。后来她刚搬到东海岸时，合住的一个室友养了两只猫，她对猫还是没什么兴趣。等到她结婚了，和丈夫搬到郊区居住，两人养了一只约克夏犭，起名叫皮蒂。如果没有这只狗，恐怕史密斯后来也不会对猫产生同情以及积极实施 TNR。一个狂风暴雨的傍晚，皮蒂总是凑近门口哀嚎，最终史密斯走到门口，依稀听到门外的灌木丛里有"喵呜"声。她用手四处摸索，掏出一只黑白相间的小猫崽，于是收留在家。史密斯和邻居聊过，又做了一些调查，发现有只流浪猫在附近一个小棚子里生了一窝小猫。"幸运"（史密斯给小猫起的名）很可能是母猫在转移猫崽时不小心落在史密斯门外的灌木丛里的。史密斯给当地一家爱猫团体打了电话，借来一个诱捕笼，希望能捉到母猫去做绝育。

"第一次捉猫，我运气差极了。"她回忆道，"几个月后，我看到那只母猫沿着人行道跑。我和一个邻居跟上去，结果在附近的一个水泵房里又看到一窝小猫。可是那只母猫很难抓，我就把所有的猫崽放在一个猫篮里，又在水泵房外放了诱捕笼，把装有小猫的猫篮也放在旁边。终于，在用奶瓶给小猫喂了几天奶和诱捕失败后，我往窗外望去，看到诱捕笼的门关上了，母猫被捉住了。我把她带到当地的一个诊所做了绝育手术，再把她和小猫们放回水泵房。"[1]

　　作为一种潜在的种群控制手段，TNR 最早开始于何时何地细节不详，不过到了 1970 年代，在英国和丹麦已经开始有选择地施行 TNR。美国最早正式开始采取 TNR 措施可追溯至 1990 年代初期，而在爱猫群体中，对这个方案的讨论早在 1984 年就出现了（那时还没有 TNR 的叫法）。支持者们鼓吹说，TNR 意味着每一只流浪猫都以一种更加"自然"的死亡方式慢慢消失，而不是像兽医或爱护动物协会雇员那样实施安乐死，给猫注射一剂戊巴比妥钠，6 到 12 秒以后它们停止呼吸。倡导者认为这种措施同时改善了猫的生活，让它们免于交配和怀孕间接带来的压力，因为通常会给它们注射预防瘟热、疱疹病毒、狂犬病的疫苗，有时还有抗猫白血病病毒的疫苗，猫也更加健康。这些人还提出，有了 TNR，恰好住在猫群附近的人们就不必忍受猫那些讨厌的发情行为，如四处游荡、叫春或号叫、标记性排尿和打斗。

　　TNR 让流浪猫的生活没有那么不堪，这一点倒是不假，但是那些猫被放归野外后，依然要面对户外生活中它们难以应对的种种挑战。做过绝育手术的猫被放回聚落后，依然会捕猎和杀死它们能抓到的其他动物，这是无法抗拒的本能。从环境保护主义者的角度来看，这是无法接受的。施行 TNR 的猫即便注射了一些疫苗，也很少继续注射加强疫苗。没有加强疫苗，动物很容易患病，还会传染给其他的猫、野生动物和人类。从野生动物和公共卫生的角度来看，这也不可行。

　　此外还有令人不安的事实，即 TNR 已被多次证明无法成功地减少流浪猫的种群数量。

　　TNR 及其"不杀"的信条源于动物解放运动，这场"圣战"初现端倪是在 1960 年代末到 1970 年代初牛津大学的酒馆和神圣的会堂。彼得·辛格、理查德·莱德和理查德·黑尔等著名哲学家开始捍卫动物的权利，认为这些非人类的物种应当被赋予和人同样的权利。理由是：作为生命，每一个非人类的动物都有不可剥夺的权利，因为每一个动物都和人类一样，能够感受到痛苦。如果不考虑动物的权利，就是"物种主义"*或歧视动物的表现。于是突然之间，身穿皮草不再是对财富的宣告，而成了残忍的行为。类似的还有参加赛马大会、吃牛排、各种形式的动物研究，以及使用动物皮革制作的裤带。

　　一些深具影响力的著作推动了动物解放运动在欧洲、美国和加拿大的发展，其中最有名的是《动物、人类和道德》**和《动物解放》***。1980 年成立的"善待动物组织"（People for the Ethical Treatment of Animals，PETA）旗帜鲜明地继承了这个运动的精神。该组织在网站

---

* 物种主义（speciesism）是动物解放运动中的重要理念，由英国心理学家和动物权利理论家理查德·莱德（Richard Ryder, 1940—　）提出，用来描述人对其他动物广泛存在的歧视行为。

** 全名为《动物、人类和道德——虐待动物行为的探讨》（*Animals, Men and Morals: An Inquiry into the Maltreatment of Non-humans*），出版于 1971 年。这本书收录了一系列论述动物权利的论文，编者是牛津大学的哲学学者斯坦利·迦德洛维奇和罗莎琳德·迦德洛维奇。

*** 《动物解放》（*Animal Liberation*）为澳大利亚功利主义伦理学家、动物解放的倡导者彼得·辛格（Peter Singer, 1946—　）所著，出版于 1975 年。辛格在书中揭露，当今人类为了自己的需求而残酷地剥夺动物，其中工业化养殖用于食用和动物实验是造成大量动物痛苦的主要方式，并且追溯了西方对动物的态度的历史渊源。辛格本人是素食者，提倡素食主义。

的历史版块中表明：

> PETA 出现以前，如果你想救助动物，可以做两件重要的
> 事，一是在当地的动物收容中心做志愿者，二是为爱护动物协会
> 捐款。很多这样的组织确实做了很多工作，给那些被人类利用的
> 动物带去安慰，但是他们并未想过，人类为什么杀死动物以谋取
> 其肉或毛皮，为什么用动物来测试新的产品成分，或是将动物用
> 于娱乐。[2]

PETA 理所当然地捍卫动物权利，这些权利范围宽泛，如争取终
止将动物用于产品测试，为供人宰杀食用的家畜争取更好的生活条
件，还有终止将动物毛皮用于时尚服饰。（PETA "宁愿裸露也不穿皮
草"的公益广告和浸透了红色颜料的时装秀给致力于动物福利的媒
体活动设立了一个很高的标杆。）但值得注意的是，PETA 并不支持
TNR：

> 可悲的是，现行的捕捉、绝育和放归方案，还有对野化家
> 猫聚落的管理，都令我们不得不质疑这些手段是否最符合猫的利
> 益。我们收到很多报告，描述猫（无论是否绝育）痛苦死去的惨
> 状，因为它们必须在户外自生自灭。我们目睹了流浪猫遭遇的可
> 怕情况，因此，如果要我们宣扬诱捕并放归是一种遏制种群数量
> 的人道方式，是有悖良心的。
> 支持者们认为，野化家猫和其他猫科动物一样具有价值，我

们有责任减轻它们的痛苦，保证它们的安全。这一点我们完全同意。正是因为我们从来不鼓励任何人让自己的猫在户外活动，对于野化家猫我们也不鼓励这样做。事实上，将一只流浪猫放归野外的行为，在很多地区都被法律定义为遗弃，是非法的。

我们相信，尽管给流浪猫绝育可防止更多小猫受苦，但这并未给留在户外的猫的生活质量带来多少改善，让流浪猫在凶险的环境中继续艰难生存，很多时候都不是一种人道的选择。[3]

PETA 不主张对所有的流浪猫实施安乐死，但是该团体强调了自己的立场，即流浪猫过着悲惨的生活，让它们置身这种绝境是近乎残忍的行为。

现在让我们回到俄勒冈州爱护动物协会，看看那里的情况。在4000 平方英尺（约 372 平方米）的霍尔曼医疗中心，两位兽医玛格丽特·威克森和温迪·雷克斯在科伊特手术套间内刻意地蹀着步子，几个兽医技术员尾随其后，每个人都穿着手术服。这个医疗中心每年平均实施 1.2 万多个外科手术，而且号称给来中心治疗的宠物实施安乐死的比例接近零，即便大部分宠物主人付不起诊疗费。俄勒冈州爱护动物协会收容所给接收的每一只宠物做卵巢或睾丸切除手术，并给数以千计的其他有主的宠物做绝育手术，只象征性地收取费用，或者免费。这属于该协会为低收入家庭开展的"省钱做绝育"项目。霍尔曼医疗中心是一个教学机构，俄勒冈州立大学兽医学院的学生每三个星期一拨，轮流到这里学习。"威克森大夫去年在这里做实习医生，后来决定留下来工作，"收容中心的医务主管朗·奥查德解释说，"有她在这儿是我们的福气。"[4]

从手术套间外的观察窗看进去，我们能看到两只猫——分别躺在手术台上——正在接受卵巢切除手术。卵巢切除是给母猫做的绝育手术。猫仰面躺在手术台上，腿被系在台上的蓝色绳子固定住，这样它在手术过程中就不会乱动。在送入手术套间前，先给猫注射一针异丙酚镇静剂，然后插呼吸管。移到手术台上以后，立刻给猫吸入混有少量麻醉气体的氧气，保证它们在手术过程中不会醒来。每只猫的前爪上绑着一个测量心律和氧气饱和度的监控器。猫被固定好后，用三根分别蘸有酒精、洗必泰和碘酒的棉签为它擦拭消毒。然后，一个助手打开装着柳叶刀和其他手术器械的无菌盒，把缝合器械盒打开，放在手术台上，再给猫身上盖一块毛巾保暖。接着在猫身上铺一块手术巾，形成一个更大的无菌区域；手术巾上有一个小洞，露出猫腹部的位置。

威克森大夫从右侧走近手术台，拿起柳叶刀。她把手伸进洞巾上的小洞，在皮肤上切开一个极小的口，长度不超过几毫米，极其锋利的刀片轻易就割破了皮肤。然后，她切开那只猫的体腔，清除掉一点脂肪。威克森大夫又拿起卵巢切除钩，这是一个较长的器具，末端带有小钩。她把钩子伸入猫腹，试图将钩子绕在子宫周围。"这是最难的部分，"奥查德解释道，"有时兽医不得不探寻一下，直到找到子宫。"威克森大夫很快找到子宫，这是一个 Y 形的薄薄的粉红色组织。她慢慢地把 Y 形的两段拨入洞巾。末端连接着猫的卵巢。为了尽量减少出血，她将子宫的底端结扎起来。在 Y 形的分叉部分下面来一刀，子宫和卵巢就割除了。没有流血，只需要几针就能缝合体腔。然后再用一个小小的文身，一道细小的绿线，标志这只猫已经做过卵巢切除手术。抹上一点点胶盖住切口后，依然没有意识的猫就被兽医助手带离手术室，放在医疗中心洁净的主室内一个台子上，台子上已铺了暖垫。另一个助手在那里照顾，直到猫恢复意识。猫一开始动弹，呼吸管就被撤掉。助手轻柔地给猫按摩身体，对它慢声细语，让它慢慢恢复全部意识。当刚做过手术的这只猫慢慢睁开眼睛，试图起身时，奥查德说："苏醒过程是手术最关键的环节。"随后猫被放回笼子里，笼子上带有白色的标识牌，标明它是收容中心的猫，可以供人领养了。

阉割，也就是给公猫做绝育手术，不必切入身体太深，所以过程快得多。给公猫注射镇静剂后（不必插管），一个助手将它阴囊的毛剃掉，再用分别蘸有酒精和洗必泰的棉签给这个部位消毒。之后猫被送上手术台，手术台上方安装了明亮的灯。兽医拿起一枚不超过小指长的小柳叶刀，切出两个细小的口。他掏出猫的睾丸，将精索结扎，接着割掉睾丸，把精索塞回去，最后缝合身体。整个过程不到三十秒就结束了。

俄勒冈州爱护动物协会没有实施 TNR 方案。"我们不会把绝育后的动物放回野外，"奥查德解释道，"但是我们尊重其他动物权利群体的角色。TNR 是'野猫联盟'的领域。"（"野猫联盟"组织专门培训从事 TNR 的人员，并为野化家猫实施绝育手术。）奥查德治疗的这些动物，有些是没人照料或受到虐待的。当我们问他这项工作有什么吸引力时，他毫不犹豫地回答："知道自己能够提供帮助，感觉极好。但是很可惜我们帮不了所有的动物。"

萨拉·史密斯当然也觉得她能够帮助自己捕捉的那些猫，让它们的生活有所不同。她通常在星期四实施诱捕，因为她一般带猫去的"威拉默特动物救助协会"会在星期五提供卵巢切除和阉割手术，还有疫苗注射服务。各项服务均花费43美元，由"塞勒姆猫之友"出资。这是个倡导猫权的志愿组织，其资金主要来自PetSmart慈善组织的一笔可观的拨款，后者是PetSmart连锁宠物商店的慈善部门。史密斯通过"塞勒姆猫之友"了解到某些聚落猫可能需要TNR服务，社区居民可以联系"猫之友"获得帮助，这个组织再去找史密斯这样的志愿者。

　　2013年4月一个星期四的下午，史密斯来到俄勒冈州塞勒姆5号州际公路附近的"红狮"旅馆，旅馆后面有一栋两层的低收入公寓。她走近其中一个单元，发现外面几个盘子边缘残留了一些猫粮。她叹口气："今晚捉猫的机会渺茫了。"[5]

　　公寓楼里的一个住户走近史密斯，就是那个给"猫之友"打电话寻求TNR支援的女人。她五十多岁，是一个家庭健康看护。她心烦意乱地说："这周是我负责喂食，周一和周二是常规分量，昨天喂得较少。可是今天别的什么人喂过了，我看到猫粮盆的时候简直想尖叫。"过了一会儿她又低声补充："我们这儿有几个人精神有问题。"

　　史密斯从她的小面包车里拿出五个诱捕笼，在另一个破旧的公寓单元后墙边上摆开，那里几扇开着的窗户下方是一处凹进的架空层。诱捕笼是由威斯康星州战斧市的"战斧活兽诱捕设备厂"制造的，每个笼子长30英寸*，宽10英寸，高12英寸，用美国制造的直径1.25英寸的金属丝制成。诱捕笼前部有一个开口，让猫进出，后部有一个滑动

---

*　1英寸 = 2.54厘米。

门，使用者从那儿把食物推进去。诱捕踏板在笼子进深的三分之一处，猫踩到踏板时，门会关上，它们就落入陷阱。"战斧"制造的诱捕装置还针对犰狳、獾、蝙蝠、海狸、鸟、山猫、鸡、金花鼠、郊狼、淡水鳌虾、狗、狐狸、囊地鼠、旱獭、地松鼠、长耳大野兔、小鼠、鼹鼠、麝鼠、负鼠、鸽子、草原土拨鼠、家兔、浣熊、大鼠、爬行动物、公鸡、鼩鼱、臭鼬、蛇、松鼠、乌龟、田鼠和美洲旱獭。史密斯在诱捕笼底下铺上报纸，又开了几个猫罐头。她用勺子把食物舀到一些塑料盘上，放进笼子。

"你应当告诉外面喂猫的人，让猫继续繁殖对它们是不公平的。"她说着转向那个女人，"下一次我出门的时候，也许带把枪才好。下一步就是动物控制了。管理部门会雇一个职业灭杀者来干掉这些猫。人们会抱怨有味儿。要是猫继续繁殖，情况只会更糟糕。"

"这些猫对繁殖没兴趣。"那个女人回应。

"它们对繁殖很有兴趣。"史密斯干脆地说。

这个地方在塞勒姆属于流浪猫经常聚集的典型场所。史密斯对于要实施 TNR 的猫聚落和照料者有一定的要求：照料者放归做过绝育手术的猫以后，必须继续尽心喂食和照料。她不会和那些只想除掉猫的人合作。和史密斯合作的很多人缺少可支配的收入，但为了照料社区里的流浪猫，情愿舍弃自己的一点享受，比如少下一次馆子。在一项调查中，不少 TNR 的参与者被问到他们的动机，"爱猫""养育的机会""提升自尊"是排名前十的原因。[6] 史密斯注意到，在她接触的积极照料猫聚落的人中，富人很少——手头有钱的人更愿意写张支票。

安好诱捕笼后，史密斯回到车里，车离最近的笼子大约有 20 英尺（6 米）。她摇起窗户，调到本地的爵士乐频道，把音量调小，开始等待。诱捕猫的过程很像钓鱼或打猎：大量的准备工作，长久的等待，偶尔捕获一两只。在问到猫捕食鸟类的癖好时，她沉默了一下。"相比处理更大的问题，把猫当成始作俑者更容易。其实是我们在毁灭森林，污染水。如果猫是鸟唯一的麻烦，那为什么蝴蝶和蝙蝠也在凋零？没有人想面对更大的问题。猫没有化工产业的背景。难道不该担忧更严重的问题吗？"

十分钟后，一只黑白猫从其中一扇窗口探出头来。它走过一个诱捕笼，然后坐下来打了个哈欠。它又起身，慢慢地检视另一个笼子，头伸进笼子里一点，又退出来，去检视另一个笼子，从侧面闻闻里面。"'这里面有吃的，我来闻闻'，"史密斯说，猫应该是在想，"'那里面也有吃的，我想闻一闻'。我起先没有想到猫跟狗一样喜欢嗅，如果不是真的饿了，它们不会进笼子的。"那只猫溜回架空层待了两分钟，又钻出来。它绿色的眼睛好像在注视着面包车，竖起耳朵，似乎也在聆听音乐，不过车窗已经关上了。

史密斯对她诱捕并做过绝育的猫，都有详细的记录。2012 年，她捉到了 240 只猫，收获最大的一个晚上捕到 14 只，平均每次 4 到 5 只。史密斯估计塞勒姆一地可能还有十个人在做 TNR，但不清楚俄勒冈州有多少猫聚落采用这种管理方式，就连威拉默特谷中部地区的情况也不知道。

TNR 在早期推行阶段，算是一个边缘运动，支持和拥护的团体是像"街猫联盟"和"野猫联盟"这种由志愿者发起的户外猫权利组织。但是现在，萨拉·史密斯和其他类似照料者的行动已经成为主流，受到美国爱护动物协会和美国防止虐待动物协会（ASPCA）等动物福利组织的热心资助。

很多政府团体也开始加入 TNR 行动，赞助这些项目，有时甚至为其承担经济责任。以休斯敦市为例，市政官网上就这样为 TNR 辩护：

> 长久以来，"捕杀"是广为认可的社区猫聚落的管控手段。猫被诱捕，从它们建立的聚落带走，然后实施安乐死。这种手段虽然可以让聚落猫的总数迅速减少，但从长远来看并非有效。受到"捕杀"的聚落猫通常会回归原有的数量，这是一种"真空效应"的结果（关于真空效应后文将做更多阐述）。
>
> 一个聚落中的社区猫做过绝育手术后，不仅种群数量逐渐减少，猫的生活也更为健康，和社区里的人相处更和谐。母猫不再产猫崽，身体更加健康。公猫渐渐失却游荡和打斗的冲动，不再那么容易受伤。未绝育的猫表现出的行为，如号叫和撒尿界定领域，也将消失。[7]

市政当局预料到观鸟及生态团体的成员会反对，故而回应了这个问题：将社区中的猫放归社区，是否会增加鸟类和野生动物受伤害的风险？

> 有一种观点是，应当把社区中的流浪猫都抓起来，关在收容

中心，实施安乐死，这样是为了保护野生动物和公众的健康。但是，将一个地区社区里所有的猫处以安乐死，或全部清除，可能会导致其他危害性更强的非本土物种数量增长。现在整个社区的猫比 BARC（休斯敦的动物收容和领养中心）在短时间内能接收的要多得多。假以时日，TNR 方案将会减少可能危害鸟类的猫的数量。[8]

旧金山也在推动 TNR 方案的实施，鼓励有兴趣的参与者联系旧金山防止虐待动物协会（SPCA），该协会是全城 TNR 行动的先锋。SPCA 以"社区关怀"的名义，动用大量资源来推动 TNR 方案。四十多岁的劳拉·格雷奇是一个精力充沛的女人，身上文了很多图案，她从 2009 年到 2014 年一直负责这个项目。格雷奇的办公室在特雷罗山不太时尚的那一边。她说："我们开始的想法就是，街上猫少一些，等于对鸟和其他动物种群的影响小一点。不管人们是否同意 TNR 是解决办法，都无法否认这样做确实减少了街上流浪猫的数量。"（事实上是可以否认的，后文中将详述。）格雷奇很快承认，野猫数量很难确定。"要是你坐在一个地方尝试计数，不可避免会有数两遍的。但是我们可以统计我们给多少猫做过绝育手术，这些猫是不会再繁殖的。我们曾收到社区猫照料者的报告，他们喂养了七只猫。这些猫被捕捉后，做了绝育手术就放回去了。五年后我们回来计数，只剩下三只了。这表明 TNR 在起作用，虽然很难知道。"[9]

在格雷奇的带动下，旧金山防止虐待动物协会将 TNR 运动推上街头。她说："我会说绝育措施很有力度。我们一早醒来，就想看看能给多少只猫做手术。"格雷奇和她的宣传团队希望不带一点说教的意味。"在动物福利圈有很多训诫说教的内容，会被人忽略，或是让不关注流浪猫，甚至不知道它们是什么的普通人反感。"SPCA 不会告诉公众对这些猫该怎么想、怎么看，而是开展了一个简单的活动："你看到猫了吗？"这个活动的目的是引起对话，同时请求人们以一种简单的方式来帮助，不至于让他们迷惑不解。活动传达的信息似乎得到了一些回应。格雷奇解释说："不管你是否喜欢猫，只要看到猫就可以打电话给我们。我们觉得这在旧金山这样一个城市是可行的，很多人都会想要参与。人们告诉我们在哪里见到了猫，我们就从哪里着手开始。"这个活动的广告出现在公共汽车和车站站台上，也直接通过邮件寄送，文字内容均以中文、英文和西班牙文三种语言呈现。活动口号下面的内容告知读者，SPCA 将会免费为流浪猫做绝育手术，并留了电话号码。

"这个活动开始以后，我们送去做绝育的猫数量增加了 1 倍，原来每年不到 1000 只，现在是 2000 多只。"格雷奇说。她对 TNR 使命真心投入，连续几年拍卖自己的一块皮肤来文 TNR 主题的图案，出价最高的人可以选择一个图案。格雷奇身上已经有很多文身图案，2012 年拍卖后文的字样是"Spaneuter"。

旧金山防止虐待动物协会的特别数据点和"统计数字"，被全美数以千计的市政当局、爱护动物协会、防止虐待动物协会分会和爱猫团体援引，声称 TNR 减少了流浪猫数量，相应也减少了对野生动物的影响。真实情况是，TNR 只是让人们自己——不是猫，更不是野生动物——感觉更好。个人和政府机构通过施行 TNR 获得一种肯定，认为他们在采取行动，但同时也是在逃避理性行为要求做出的艰难决定。TNR 能够减少猫群数量的说法，不仅缺乏严谨的科学证据，而且有大量证据表明情况恰恰相反。

经常被拿出来证明 TNR 能有效减少猫群数量的一个例子，来自朱莉·利维及其同事在奥兰多的佛罗里达中部大学（UCF）校园开展的一项为期十年（1991—2001）的研究。这项研究结合两种不同的措施——TNR 和 TNA（trap-neuter-adopt，捕捉—绝育—领养），使研究者无法仔细分析 TNR 本身的有效性。UCF 的校园很大，林木繁茂。正如在很多人口流动较大的地方（如大学校园、军事基地、野外观测站），人群来来去去，却把猫留在身后。研究开始以前，这所大学正在处理流浪猫数量增长的问题。1991 年，爱猫团体"校园猫之友"的志愿者开始实施 TNR，以减少猫群数量。他们在校园 11 处不同的地方设立了喂食点，吸引猫群聚集，这样形成了 11 个不同的聚落。他们捉到猫以后，送到兽医诊所施行绝育手术和疫苗注射。检查出猫白血病病毒阳性或猫免疫缺陷病毒阳性的猫会被实施安乐死。放归户外的猫都会剪掉一点耳朵尖，方便野外识别。利维及其同事的报告中只有一处简要提及 1996 年的一次猫群普查，而且没有提供实施普查的细节。统计流浪猫的数量是出了名的困难。这项研究的目的是审查 TNR 对户外猫数量的影响，普查程序却缺乏细节，这是一个首要的严重缺陷。

利维等研究者的报告指出，最初普查猫的数量是 155 只，在进行研究的这些年中有明显的减少，报告将此归结为 TNR 的实施和领养方案。具体情况是，155 只猫中有 73 只（占 47%）被领养。这个结果确实不错，但并非对 TNR 的验证。少了这些猫，TNR 研究针对的猫数量实际上是 82 只，其中有 17 只因为各种原因被施以安乐死，大多数是在研究开始时，也有几只是在研究过程中。余下的 65 只户外流浪猫中，有 10 只死后被人发现，其中 6 只是被汽车撞死的，还有 4 只死因不明。有 9 只猫可以确定是离开聚落消失在树林中，不过这意味着什么并不清楚。有 23 只猫（占 42%）"失踪"，所以命运也是未知的。（它们可能也消失在树林中，或者死了，但从未有人发现尸体，再或者它们被领养了，不过这一点也很不确定。）最后只剩下 23 只猫。但是，利维及其同事还是没有解释是如何以及何时统计的猫的数量，因此这些数字是否可靠其实并不确定。利维这项研究显示的结果是，如果 60% 的猫被领养或处以安乐死，又有 21% 的猫从聚落迁移到别处，那么聚落中猫的数量就会减少。这与 TNR 的有效性没有关系。

关于 TNR 还有一项更细致的研究，见于 2006 年北卡罗来纳州立大学由菲莉西亚·纳特完成的一篇论文。纳特是一名持照兽医，曾在坦桑尼亚的冈贝国家公园做过野外考察，研究狒狒和黑猩猩。1998 年，她在北卡罗来纳州的兰多夫县开始这项关于户外流浪猫生存的研究。她的研究设想是将猫随机分为三个研究组：未阉割的、做过阉割手术的（切除睾丸，导致不再产生性激素）和切除输精管的（切除或结扎输精管，继续产生睾酮等激素）。跟大多数对猫聚落实施 TNR 的研究不同，纳特在她所研究的群落中诱捕了 98% 的猫（在实际操作中很少能实现这个比率，也许只有她才有可能，因为这是她的博士论文研究的主要问题，占据了她大量的时间）。她还给猫实施了两种不同类型的绝育手术，让研究变得更加有趣。4 到 7 年后，她发现未阉割的聚落猫数量有所增长，而接受了两种绝育手术，同时新成员迁入的比率又较低的聚落，则数量显著减少。而且正如她所料，公猫做过输精管切除的群落比起公猫切除睾丸的群落数量减少得更快。据推测，仍能分泌性激素的公猫更喜欢打斗。是什么杀死了这两个做过绝育的猫聚落成员？每一只猫，无论是消失（和迁走无法区别）了，还是惨烈地死于非命（被车撞死，被狗咬死），状态都被纳特定义为"死亡"。这个结果和那种从动物福利角度认为 TNR 好处更多的观点是矛盾的。根据纳特的研究，人们可以得出结论：TNR 能够发挥作用，减少聚落猫的数量，但是唯有在绝育比例几乎达到 100% 的而且很少或没有新成员迁入聚落的条件下。

关于 TNR 是否减少流浪猫的数量，只有一项采用长期的定量分析和猫群数量建模的研究是真正严谨的。这项研究由帕特里克·福利主持，他是加利福尼亚州立大学萨克拉门托分校生物科学系的一名理论种群生物学家。研究宣称要利用两个长期的大型 TNR 方案的数据，从数学上检测 TNR 方案是否成功，并测算足以导致聚落数量减少的绝育率。第一个项目涉及的 TNR 数据是由加利福尼亚州圣迭戈县的"野猫联盟"收集的，对该县聚落猫的研究从 1992 年持续到 2003 年。第二个项目的 TNR 数据是佛罗里达州阿拉楚阿县一个名为"猫薄荷项目"的研究收集的，这项研究对该县的聚落猫展开调查，从 1998 年持续到 2004 年。在圣迭戈，总共有 14,452 只流浪的聚落猫在 TNR 项目的赞助下，被交由兽医诊所实施了绝育手术。这些流浪猫原本只有 5% 做过绝育。在阿拉楚阿县，总共有 11,822 只流浪猫在实施 TNR 时接受绝育手术，而原本只有 2% 的猫做过绝育。无论是在加利福尼亚州还是佛罗里达州，实施 TNR 都没有让猫聚落数量减少。两处的聚落数量都在不断增长，且绝育率从未高到足以让种群数量下降。根据福利等人的估算，加利福尼亚州的猫聚落绝育率必须达到 71%，佛罗里达州则要高达 94%。研究者的结论是：这种程度的绝育率在现实中无法实现。因此，TNR 不会导致聚落消亡。和至今为止所有其他的研究不同，福利的这项研究是长期的，拥有足够的样本数量，且涵盖了较大的空间区域，而不只是一个单独的场所，所有这些因素都保证了结果的可信度。

通常 TNR 无法通过减少个体来减少流浪猫种群数量，主要有两个原因。一是照料者无法诱捕到足够多的猫来做绝育。福利的数学模型显示，一个种群中绝育率必须达到 71% 到 94%，数量才会减少，这还得假定没有新的成员加入猫的聚落。以上所述的纳特的研究是一个少见的例外。第二个原因就是大多数聚落一直都有新成员加入。很多爱猫团体认为一个聚落里猫的数量会保持稳定，并抵制周围地区的猫迁入，但是科学文献，甚至聚落照料者讲述的逸事，都驳斥了这种观点。研究表明，猫经常在已经建立的聚落之间走动，只要有固定的食物来源，原来的猫并不抵御闯入者进入领域。

致命性清除（即诱捕和实施安乐死）方案的反对者认为，这种方案不会减少聚落数量，因为原有的猫被清除后"真空效应"会将新的猫引到那个聚落里。真空效应并不仅限于猫，其理论基础是：在高质量（即有食物来源和躲避处）的地点居住的、具有领域性的动物会排斥那一地区的某些动物个体，比如体弱的或有其他问题的。这就构成了一种"赢家和输家"的情境，被排斥的动物被迫只是短暂停留，或者占据附近没有充足资源的领地。TNR的推动者声称，由于真空效应，当猫被清除以后，那个地方会有猫（或其他动物）被源源不断地"吸入"这一备受青睐的区域。根据这一假设，如果目标是减少猫聚落中整个种群的数量，那么清除的做法就是毫无意义的。

这一逻辑有几个问题。首先，家猫通常没有表现出领域行为。其次，不可能有猫（或其他动物）源源不断地加入。如果猫持续出现，可能是因为有一个喂食点——当然，这正是起初导致此处猫的数量高于预期的原因。再次，最重要的一点也许是TNR的核心理念——聚落猫会由于正常死亡而数量减少。所谓的真空效应是将新的猫吸引到原有的猫被捕捉和带走的聚落，那么当实施TNR的聚落有猫死亡并出现空位时，这一效应难道不会发挥作用吗？

来自以色列的一项关于聚落里猫的数量波动的田野研究表明，真空效应或许真的存在，但不是TNR的倡导者所想的那样。2011年，艾迪特·冈瑟及其同事研究了四个饲养群中的猫，其中两个群体接受TNR，另外两个没有。研究者们在接下来一整年内，每星期对实施绝育和未绝育的群体进行迁出率、迁入率和小猫存活率的监测。他们发现，在两个实施绝育的群体中，因为迁出率更高，迁入率更低，成年猫的数量在进行研究的一年中有显著的增长，而未绝育群体的数量减少了。在这个例子中，真空效应实际上使现有的实施了TNR的群体数量**增加**。当然结果并不一定总是如此。从这项研究和其他关于真空效应的研究，可以得出结论：在动物被清除后，替代的现象有时会发生，有时则不会。结果取决于周边地区有多少猫、这些猫的繁殖程度、行为上具有优势的猫的数量，以及有多少猫还在被遗弃。

兽医行业也纠结于 TNR 提出的难题。大卫·杰索普曾获得加州大学戴维斯分校的兽医学校友成就奖，他认为美国兽医医学协会旨在增进所有生灵的健康和福祉，不应纵容 TNR 方案。毕竟 TNR 对猫这个物种本身好处甚少，对于其他数十个甚至数百个物种却是明显有害的。杰索普很不解倡导 TNR 的兽医如何能为自己辩护，因为他们相当于助长了遗弃和虐待动物的非法行为。此外，赞成 TNR 的群体向成百万名照料鸟类、本土物种及其生态系统的动物保护主义者和兽医传递的信息也让他忧心。另一位兽医，现已退役的美国陆军兽医队长官保罗·巴罗斯，也认为清除而非放归，才是解决流浪猫问题的最负责任的做法。"我们必须让不负责任的宠物猫主人和 TNR 方案造成的遗弃行为成为一种政治上错误的、社会所不认同的行为。"[10] 他解释道。

特拉维斯·朗克尔、凯瑟琳·里奇和劳伦·萨利文在他们发表在《保护生物学》期刊上的一篇论文中，仔细地分析了现有的科学（和非科学）文献，试图搞清 TNR 对减少流浪猫数量是否无效。他们得出一个重要结论：TNR 的语境通常被界定为动物福利问题，而不是环境问题。在此背景下，一个"成功的方案"是由猫的福利来定义的，而不是清除周围环境中的流浪猫。（福利隐含的意思是猫仍然活着。）他们引用的一项研究得出的结论是："此方案的有效性表现在，流浪猫聚落在三年内流动率低，健康状况得到了改善"，虽然聚落中猫的数量只是从 40 只减少为 36 只。他们发现佛罗里达州有一个县实施

TNR 的目的是"减少被处以安乐死的健康猫的数量，减少县政费用，减轻人们的不满"。[11] 在此背景下讨论 TNR 的话题，科学家和保护主义者提供的信息甚至都不会进入讨论中，流浪猫支持者的一些断言不会受到挑战，于是慢慢地呈现出真理的光芒。

流浪猫支持群体成功地掩饰了 TNR 的缺陷，整个科学界多年来对此却有些束手无策。越来越多的决策团体倾向于支持 TNR 的立场，普通民众又不太了解猫对野生动物和公共卫生的影响，结果流浪猫支持者在公众舆论战中成了赢家。并不是说环境保护和生态学专家们意识不到 TNR 的不足，没有采取反对的立场。很多具有影响力的团体，包括美国野生动物兽医协会、美国鸟类学家联盟、美国哺乳动物学家学会、美国国家野生动物联合会、美国鸟类保护协会（ABC），都站出来反对流浪猫聚落和 TNR 方案。然而只有 ABC 投入了大量财力，发起"室内养猫运动"来教育公众。（值得注意的是，ABC 的宣传预算还不如"街猫联盟""最好的朋友"和全美最大的宠物连锁机构 PetSmart 的慈善机构等组织的预算多。）

奇怪的是，美国奥杜邦学会却不在上面提到的名单里。这个学会宣布它的使命是"为人类的福祉以及地球的生物多样性而保护和恢复自然的生态系统，重点是鸟类和其他野生动物及其生境"。奥杜邦学会在 TNR 的问题上没有坚定的立场，只在 1997 年通过的一项理事会决议中提到：

（关于野化家猫和流浪猫的影响）美国奥杜邦学会将向其分会传达有科学依据的结论，这样他们（如果愿意）就可以向地方和国家野生动物机构、公共卫生组织以及立法组织提议限制与调节野化家猫及户外流浪猫的生存活动，并支持给猫注射疫苗、实施绝育手术的项目。[12]

英国皇家鸟类保护协会（RSPB）对TNR不但没有表态，甚至认为猫对鸟类的影响不值一提，拒绝倡导将猫限制在室内。

由此可以推测，奥杜邦、RSPB和其他有广泛群众基础的保护组织回避这个问题，因为他们担心会失去一部分会员。《奥杜邦》杂志的长期撰稿人及自由编辑泰德·威廉斯被停职一事恰恰证明了这种推测，他之前在《奥兰多前哨报》的一篇社论中反对TNR，宣称"针对TNR制造的混乱，有两种人道的替代方案法。一种是泰诺（人类用的止痛药）——一种对野猫具有极高选择性的毒药。但是TNR游说团体已经阻止了将此药注册用于这一目的"。另一种是诱捕—安乐死（TE）。TE在州立和联邦级别的野生动物管理中有用到，但是要想显著地减缓本土野生物种的灭亡，市政当局也需要实施TE。[13]在野生动物保护团体的强烈抗议下，《奥杜邦》杂志重新起用威廉斯，但限制了他的职权。

我们再次回到俄勒冈州威拉默特谷，萨拉·史密斯已经在她的面包车里待了近一个小时，还没有捉到猫。她过来时遇见的几个住户走近车子，查看我们的进展，另外几个住户站在附近。不远处，能听到5号州际公路上车流低低的嗡鸣。"我走了一圈，跟每个人都说了不要喂猫。"卫生助手说完，又回到之前的话题，"他们说没有喂。有一个女人跟她的女儿住在一起，我想她可能是想到猫挨饿就受不了，说服了她女儿去喂猫。"

第二个小时也快过去了，还是没有捕到，史密斯在考虑下一步干什么。要是一般人大概收拾东西撤了，但是史密斯不愿意空手回家。另一个选择是把诱捕笼放置一夜，但这不现实。"不能把笼子留在这种地方，"史密斯说，"有些疯子会搞破坏，因为他们觉得笼子害了猫。有一次，在别处一个公寓，两个十几岁的女孩把我的笼子搞坏了，她们在笼子上跳来跳去。一个诱捕笼 55 美元，我可不想买新的。这种时候我谁也不相信。"

一只有着明亮绿眸的小玳瑁猫把头伸出设备层，它绕着诱捕笼走了一圈，然后坐下来。"来吧，小可爱，"史密斯哄着它，"进笼子吧，你就不会怀孕了。母猫四个月大就能生小猫了，就像少女怀孕——小孩有了小孩。"一只有棕色条纹的茶色虎斑猫穿过公寓后面的草坪，来到笼子跟前。它从一个笼子走到另一个笼子，使劲地闻着食物。它想把爪子伸进笼子顶部，过了一会儿又从笼子底下挖土。这只虎斑猫走进一个笼子，走到一半又退了出来。它把头伸进另一个笼子，停了一下，然后步入笼中。笼子的门合上了，受惊的虎斑猫在笼中绕了两圈。史密斯马上从车里出来，在笼子顶上盖了一块大毛巾，接着把笼子放进车里。那只猫号叫了一声，在笼里慌乱地移动，但过一会儿就归于平静，安静得几乎让人担忧。"这些猫都非常安静，"萨拉说，"这是它们的生存本能。我可以带着整整一车的猫（有一次她开车带了 28 只猫去波特兰的一个诊所），它们都一声不出。"

黄昏将至，公寓区这些神秘莫测的猫群更活跃了。几只黑猫来和虎斑猫做伴，接着又有一只橘色的大虎斑猫加入，大虎斑猫马上在每一个笼子周围留下它的尿液和气味。很快又有一只小虎斑猫加入进来。没有一只猫对诱捕笼表现出兴趣。"要是有上盖式的诱捕笼就方便了。"史密斯轻声说。上盖式的诱捕笼用一根棍子支起，棍子一端绑着绳子，猫进到笼子下方时，绳子一拉，笼子就扣下来。猫对那种支起来的笼子似乎不太反感。这时一阵微风拂来，也帮了倒忙——风吹动笼底铺的报纸，沙沙作响，猫不喜欢这种声音。史密斯逐一打量这五只猫，若有所思地说："真是可惜。你看这些漂亮的猫，它们应该住在某个人家，而不是大楼下面。一般我都不会等这么久，要不是这些家伙似乎有点兴趣，我可能已经走了。杀猫本来是违法的，但是没有人执行法律。要是人们像杀猫一样杀狗，早就引起轩然大波了。"

　　橘色的虎斑猫不事张扬地走进了一个笼子，笼门合上了。它在笼子里绕了几圈，然后史密斯在笼子上盖了一块大毛巾，放到第一个笼子旁边。这时她接到一个电话，有人说在她的农场上有十几只流浪猫。"它们有藏身之处吗？好。你在喂它们吗？好。保证它们有藏身之处、食物和水，这是主要的条件。"

　　又有几只猫出现了，它们围着笼子闻来闻去，在暮色中只是几个剪影。最终那只小玳瑁猫走进笼子，触发了机关。史密斯给笼子盖上毛巾，把笼子放到车上。

　　是回去的时候了。

第八章　野外少一些流浪猫：猫、鸟、人都受益

> 人类正受到前所未有的挑战，这挑战并不是如何主宰自然，
> 而是如何主宰人类自身。

——雷切尔·卡森

如果你关心动物，尤其是宠物，那你应该感激一个叫韦恩·帕赛尔的人。帕赛尔在美国爱护动物协会（HSUS）负责宣传和担任领导已有二十五年，其中有十年任协会的首席执行官和主席。他成功地提出很多重要的动物保护法案，大大扩展了协会的规模（现在在美国的大型慈善组织中排名第155位，年收入高达1.6亿美元，有1100万成员），也扩展了动物关爱项目的范围。帕赛尔有电影明星般的英俊容貌和常春藤盟校的教育背景，是一位理想而能干的动物权利代言人。《非营利组织时报》过去八年中有五年将他列为"最有势力和影响力的50人"之一。

帕赛尔建有一个博客，名为"一个人道的国度"，用来发布文章对外宣传。在这些年发布的几篇文章中，他探讨的就是我们在这本书中一直试图探讨的问题：拿流浪猫怎么办？帕赛尔（或者至少是他的公关部）自始至终意识到这个问题给 HSUS 这类组织带来的矛盾处境。在 2011 年 11 月的一篇文章中，他写道：

> 美国爱护动物协会倡导保护所有动物，既包括家养动物，也包括野生动物。大多数时候，这个问题是非分明，道德选择也很明确。然而有些时候，一个物种的保护似乎和另一个物种的保护产生了矛盾。最常见的例子就是户外猫或野化家猫同野生动物的问题。野化家猫通常寿命不会很长，它们面临着其他猫、狗、郊狼、汽车、疾病等带来的危险。与此同时，它们活着的时候，会杀死鸣禽、小型哺乳动物和其他本土野生动物，因为捕食是它们基因中的天性。[1]

如何最好地解决流浪猫给我们的环境健康和福利带来的问题？科学界和帕赛尔及 HSUS 对此存在分歧，比如 HSUS 支持将 TNR 作为控制猫聚落的一种手段，科学界则相反。然而在关于流浪猫问题的讨论中，在那些常常出现的煽动性言辞的背后，有很多方面是帕赛尔、保护主义者和多数理性人士都同意的：一、美国有太多流浪猫；二、这些猫对野生动物是有影响的；三、猫将疾病传播给人类；四、这些猫的寿命短暂，生活常常充满危机；五、家猫最好待在室内，或者至少加以管束；六、人类是造成这一问题的根源，因此有义务解决问题。

有充分的证据表明，流浪猫不是鸟类和其他野生动物未来主要的威胁；栖息地破坏、气候变化和污染都对野生动物种群的福利产生影响。但是如果整个社会希望为后代保持这些物种，我们就需要从所有领域着手，阻止危机发生。同样，我们也必须从不同战线下手来减少流浪猫的数量，减少它们作为捕食者和病毒携带者对本土动物种群数量的影响。没有哪种单一的措施会是万能良方，只有多管齐下，才能开始减少野外流浪猫的数量。只有野外没有（或者至少是很少有）流浪猫，才有希望缓解这些动物对本土野生动物的危害，减少它们传播给人的疾病。

为了实现目标，让野外少一些流浪猫，第一步就是倡导更负责任的养猫行为。如果宠物主人总是遗弃家养的猫，就永远无法杜绝流浪猫出现。如果宠物主人未能给猫做绝育手术，那么流浪猫也永远不会消失。如果宠物主人继续让自家的猫在户外游荡，它们就会继续危害鸟类和其他野生动物，而猫自身也会受到来自户外的威胁，如疾病、捕猎、汽车等。

说服人们改变他们的行为并非易事，只需问问美国的广告商就知道——他们在2014年花费了约1770亿美元来扭转人们的行为。但这也许是最重要的一个步骤。野生动物兽医大卫·杰索普将遗弃宠物猫类比为乱丢东西。"我还是一个四五岁的小男孩时，就在路边找饮料瓶拿去回收。到处都是垃圾。你会看到人们开车经过时，从车窗里往外扔垃圾。而这些年来，部分因为政府资助的广告宣传，人们改变了对乱丢垃圾的态度，现在乱丢垃圾就像在公共建筑的地板上吐痰一样让人恶心。我们也要让遗弃宠物、不给它们做绝育、把它们放到野外这些做法，像乱丢垃圾一样为社会所不容。"[2]

那么多人对猫如此随便，一个原因就是他们觉得猫在野外能够保护自己——把它们丢在停车场或公园里，相比扔进当地的动物收容站，它们的生存机会更多。还有一种设想是：由于现有的猫数量过剩，一只猫不管是因为个性问题，还是主人的生活状况，只要造成一点不便，就很容易被另一只猫取代。也许有些人认为猫相对来说是可以牺牲的。"我觉得社会总体上对猫并不珍惜，"俄勒冈爱护动物协会的主席莎伦·哈蒙指出，"你要是珍惜一只动物，不会不带它看兽医，晚上你会把它带进屋里，如果它丢了你会去找，而不是再弄一只。要是咱们一起去餐厅吃饭，看到垃圾箱边上有只狗，我们很可能会设法解救它，不管那家餐厅有多好，也不管我们等了多久才订到位子。我们会设法抓住那只狗，查看寻狗启事，把它送到兽医那儿去。一晚上就这么过去。但如果垃圾箱边上是一只猫，我们的谈话根本不会因此中断，我们认可那儿就是猫待的地方。猫得不到狗那样的待遇。"[3]

坊间证据显示很多宠物主人遗弃猫，是因为他们相信把猫送到动物收容站就是给它们判死刑，这个结局令人憎恶。对某些人来说，把动物送到收容站，比遗弃动物还要可耻。

假如要提高动物收容站在宠物主人心目中的地位，我们就需要阻止某些宠物主人，阻止他们把不能或不愿意再照顾的猫扔在城市公园或大学校园里。收容站应当是一种社区资源，只有在那里，你的猫才有最大机会找到下一个永久的家，因此收容站应当有资金支持。

收容站每年必须杀死成百万只猫，这的确是不幸的事实。实在没有足够的空间和资源，来为野外生活的上千万只无主的流浪猫提供食宿。有些人提出将猫送到所谓"不杀"的收容站，避免大规模的安乐死。这个原则固然高尚，现实情况却不容乐观。因为这类收容站资源有限，大多数地方一年中大部分时候都是满负荷或接近满负荷运作，这意味着很多猫不得不被拒之门外。然后这些猫也许会被送到一个传统的收容站，在那儿可能会被处以安乐死。很多宠物主人只是把猫放回野外，它们面临着更延迟也更痛苦的死亡，同时继续制造着前文中细述的生态和公共卫生问题。而近来"不杀"收容站的一种趋势是提高放生率，为此推行的做法叫作"放归野外"（Return to Field，RTF），具体措施是将动物管理部门捡到的猫和其他流浪动物（估计不是一个聚落的）注射疫苗、施行绝育手术，然后放回发现它们的地方。支持者们宣称，这些"有主人但是走失了"的猫更容易找到自己的家，虽然并不清楚"有主人"是如何确定的，因为既没有微型芯片也没有标签。更多持批判立场的观察者会将 RTF 视为"不杀"收容站虚报放生率的一种手段。这些放归野外的动物可能死去，但不是以一种人道的方式，也不会出现在"不杀"收容站的电子统计表上。

　　另一种不负责任的养猫方式是让猫在户外四处游荡。这里将详细说明在室内养猫的好处。室内的猫受到保护，不会从其他流浪猫和野生动物身上传染疾病。它们不会被郊狼、山猫和狗捕食，不会被车撞死。它们也不会捕食其他动物。（没有证据表明围嘴、铃铛和其他所谓的捕食威慑物能有效防止猫捕杀野生动物，对于猫感染和传播疾病的问题也于事无补。）最后，它们将疾病传播给更多人群的可能性也更小。但是，一项接一项的调查表明，很多美国人偏爱让自家的猫在户外游荡。这种具有潜在破坏性的态度似乎部分源于无知（有时也是故意），不了解猫对野生动物的危害以及猫本身面临的危险。（"我明白有些猫顽皮一些，但是我的猫肯定不吃鸟。"）还有部分是一种深思熟虑后的愿望，想让猫做回自己。很多宠物主人相信猫的本性就是游荡和捕猎，所以作为一个有爱心的猫主人，所持的态度就是："我要让我的猫能够追求这种行为，生活更丰富。"

这种漠视猫捕食鸟类和哺乳动物的心态，在2015年詹尼弗·麦克唐纳及其同事所做的研究中得到了印证。麦克唐纳及其同事们在英格兰（康沃尔的莫南-史密斯）和苏格兰（斯特林西北的桑希尔）征募了很多养猫人，调查他们的猫的捕食行为。研究者希望能够确定猫主人对于家猫的生态影响持什么态度，从而考虑可能的控制策略，并了解主人在看到自家宠物猫的捕食行为后态度有什么变化。在莫南-史密斯，4个月期间监测的43只猫中有33只平均每个月带回家1.89只动物，有10只没有带任何猎物回家。在桑希尔调查的13个月中，43只猫中有28只平均每个月带回0.81只动物，有15只没有带回任何猎物。看到自家猫干的好事后，98%的猫主人仍然反对将它们一直关在家中。60%的猫主人不认为猫正对野生动物造成危害。麦克唐纳等人得出结论：在他们的研究中，猫主人认识不到自家猫的生态足迹，排斥猫对野生动物造成威胁的观点，而且反对采取控制措施，绝育手术除外。也许这些猫主人认为，沦为家猫猎物的鸟和哺乳动物并不是有知觉的生物，只是他们心爱伙伴的玩物。

美国鸟类保护协会（ABC）一直在劝说养猫的人们将猫的活动限制在室内。十多年来，该协会发起"室内养猫"运动，希望公众和决策者了解，将猫养在室内或由宠物主人亲自照管，对鸟、猫和人都有诸多好处。"室内养猫"的宣传渠道包括电视公益广告、纸媒和手册。在一则电视广告中，首先出现喂鸟器旁边的一只北美红雀，然后镜头转换到从房子里出来的一只猫。主人对它说："老虎，找点乐子去吧。"猫走到院子里喂鸟器下方的一个位置，这时屏幕上出现白色文字"猫每年杀死20亿只鸟"，接着是"请在室内养猫：猫、鸟、人都受益"。该协会的入侵物种项目主管格兰特·赛兹摩尔说："开展这个运动是想让不同的利益方都意识到问题所在。我们想让大家都来关注，无论是担心猫的人、关注野生动物但可能不了解猫的生态影响的人，还是从未想过此事的人。"[4]ABC已向利益相关方分发了超过10万份"室内养猫"宣传手册，公益广告也播出了上百次，但这种规模的宣传完全无法影响到4800万个养宠物猫的人家。

美国爱护动物协会最近才开始宣传针对宠物猫的"室内养猫"政策。该协会请求访客在他们的网站上签署一份保证书，承诺将猫养在屋里，以保证猫和野生动物的安全。现在这个网页已经被撤掉了。考虑到美国爱护动物协会数目庞大的会员和它在动物福利界的影响力，这个组织本来可以有更大的作为。

要影响美国的养猫人群，兽医团体、宠物食品生产商和宠物用品零售商这三个渠道具有巨大的潜力。兽医诊所可以在候诊室和咨询处张贴"室内养猫"的海报和宣传册，兽医在每次问诊结束时可以简要地陈述室内养猫的重要性。同样，宝洁（爱慕斯品牌）、雀巢（普瑞纳和喜悦品牌）、玛氏（宝路和伟嘉品牌）和其他宠物食品集团在罐头和袋子上印上短短一行"室内养猫"，就可以将信息传递给几乎每一个养猫人。而这些品牌商如果这样做了，就是在为保护猫和野生动物付出努力，他们在这个过程中将会获得良好的公共关系。宠物用品的主要零售商们也可以如法炮制，在展示的商品和购物袋上印上"室内养猫"的信息。这些常识虽然不会一夜之间改变人们的行为，但是任何一则广告的效力都在于重复和强化。1960年代中期，香烟盒上开始出现美国外科医生总会的警告，这无疑促使人们意识到吸烟和癌症之间的关联，也让吸烟不像从前那样为社会认可。这就是印在商品包装上的信息的力量，不过有一点必须注意：当时包装上印刷"吸烟有害"的信息是由美国国会强制执行的，并不是生产商自发的行为。

有上百万名养猫人将猫养在室内，他们的猫长寿而快乐。当然，无法出门游荡的猫依然需要刺激，对此宠物主人有不少办法。他们可以买一条皮带绳，像上千万个遛狗的人那样遛猫。市场上有一种叫作"一只快猫"的新玩意，其实就是一个供猫使用的仓鼠转轮。如果养猫人的房子有一些户外空间，他们可以考虑铺设一个"猫的中庭"，在庭院里圈出一个空间，让猫在其中享受新鲜空气和阳光，但又不会碰到其他动物或汽车。每年秋天，波特兰奥杜邦学会和俄勒冈州野化家猫联盟都会启动一个"猫中庭"之旅，目的是展示城中养猫人家不同的设计。

美国各城市、州县和联邦政府也可以发挥作用，规劝宠物主人对猫承担更多的责任。很多团体建议市政和县政当局对养猫强制实行许可制度。至少从1840年代开始，美国就颁发了养狗许可证。1894年，纽约市通过一项规定，要求养狗人为狗办理许可证，美国大部分市政当局也紧随其后，出台了规定。现在和办理许可证配套的还有植入微型芯片，这样做有很多好处：城市可以强制疫苗注射，监督宠物主人遵循规定；便于宠物主人找回走失动物；便于市县当局统计当地狗的数量以保证安全和卫生；使当局有办法辨别无主的流浪动物和家养宠物。没有主人的宠物就可以根据管理政策来处理。（要求主人管理动物的地方规定一般是针对狗，而不是猫；办理许可证将会便于实施规定。）

办理养狗许可证虽然已经得到广泛的认可，却只有极少数市政当局执行养猫许可制度。为什么几乎没人有兴趣将养狗的标准用在猫身上呢？"我想这是因为流浪狗一直让人存有恐惧心理。"克里斯多夫·莱普契克是亚拉巴马州奥本大学林业与野生动物科学学院的副教授，他对猫给野生动物带来的影响和 TNR 方案的效力做过大量研究。他说："狗对人类的健康造成威胁，或者是咬人，或者是传播狂犬病。猫不会带来这种恐惧，虽然猫也有传播疾病的可能。我认为如果能将养宠物视为一种特权，而非权利，对大家都有好处。"[5] 办理许可证也许就属于这种特权交换的一部分。每只猫每年 20 美元的许可证办理费用，加起来就有了 160 亿美元的额外收入，这笔钱可以用于实行减少流浪猫数量的措施。

猫在历史上的角色一半是户外捕鼠能手，一半是家养宠物，或许这个角色也阻碍了养猫许可制度的推行。"狗过去是养在户外的，但是人们从某个时候开始将它们视为家庭的一分子，就把它们养在屋里了。"ABC 的格兰特·赛兹摩尔说，"我们对猫的感觉还没有到这个程度。很多人依然将它们视为在屋外抓老鼠的谷仓动物。有一种观点是，猫不需要甚至不想与人类互动或受到人的供养。这种认识必须改变。"[6]

推行许可证加芯片植入的同时，也应该强制给猫做绝育手术。在这方面，美国的宠物主人做得不错。根据 HSUS 的统计，91% 的宠物猫做过绝育。假如全面推行许可证制度，完全可以实现接近 100% 的绝育率，特别是如果能够补贴手术费用，让所有人都负担得起。想想玛蒂基金会（Maddie's Fund）和 PetSmart 慈善组织在推动 TNR 方案时提供的数百万美元，资助手术费用应该不是问题。

如果每个宠物主人必须对他的猫负起责任，那么应对流浪猫管理带来的挑战，减少它们作为捕食者和疾病传播者对野生动物的影响，就变成了每个人的责任。从保护生态学的角度来看，最理想的解决办法相当明确，就是通过各种必要的手段清除野外所有的流浪猫。但是这种办法极不现实，因为野外的猫数量实在太多，有多达 1 亿无主的流浪猫，再加上 5000 万放养的宠物猫，就算都能捉住，之后的处理也是一个棘手的问题。我们已经了解到，决策者不愿卷入纷争来提出实质性的措施，因为他们无法从中获得多少政治资本。决策者们面对着预算不足、可负担住房资源短缺和贫富差距不断扩大等诸多麻烦，他们绝对不会优先考虑野生动物的困境和流浪猫造成的公共卫生问题，何况这些问题经常被误解且少有人知。但是考虑到流浪猫带来的严重后果，这种状况必须改变。

总的来说，公众对流浪猫的问题浑然不觉，多半是因为大部分环保和鸟类保护组织、野生动物权利倡导者和保护生态学家无法有效地描述问题涉及的范围和足以激发具体行动的科学事实。以 TNR 方案为例，对此事不大关注的公众在用谷歌搜索"TNR"时，得到的印象

　　　　　　　　　　　　流浪猫战争：萌宠杀手的生态影响

是：这是一种控制猫群数量的有效手段，对猫有好处，而且实际上有几百个城市都在推行，也得到美国爱护动物协会这类神圣的动物福利机构的允许。在搜索结果中继续往下找，也许第二页或第三页会有详细讲述故事另一面的文章链接，比如 TNR 作为数量控制手段的缺陷。

人们听不到流浪猫的生态影响这一部分的故事，它常常被淹没在支持者们（无论出于怎样的好心）强大却不实的宣传中。在一个率先支持户外养猫的网站上稍作浏览，就可以看到如下观点（在这里我们对每一条都做出了科学的反驳）：

支持者称：猫在户外已经生活了一万多年——它们是环境的自然组成部分。

科学事实：家猫在其目前的分布区域，包括北美洲，都是入侵物种。

支持者称：今天，猫有健康的户外生活，在生态系统中起到重要的作用。

科学事实：户外生活的家猫寿命相对较短，这些动物通常很残酷，在所有的生态系统中扮演破坏性的角色。它们捕食本土物种，在一些地方造成本土物种的灭绝，同时是传播疾病的媒介。

支持者称：因为事实证明 TNR 假以时日能够稳定和减少猫的数量，所以它是当今美国控制野化家猫的黄金标准。

科学事实：TNR 未被证明能够稳定和减少猫的数量；事实上

在某些情况下，它被证明还会导致现有聚落中的猫数量增长（因为聚落吸引了未做过绝育的猫，包括那些被不负责任的宠物主人遗弃的家猫）。

由于相关团体的大力游说，TNR 已经令人遗憾地成为控制野化家猫的默认选择。但它并不是一个黄金标准。

支持流浪猫的主要组织最常采用的一种（有效）手段，是无情地攻击任何一项质疑 TNR 有效性或揭露猫对本土物种和公共卫生有威胁的研究。他们通常对事实采取任意的解读，或者是彻底的搪塞。科学机构很少会以类似的方式对此做出回应。这种虚假信息造成了广泛而严重的负面影响，也证明了将强硬说词坚持到底的威力。指鹿为马的声音够大，时间够长，人们就会开始相信，或者至少不再质疑，不再考虑其他的视角。

野生动物支持者、环保科学家和其他热心寻求解决办法的人需要向公众普及研究结果。鼓励维持猫聚落和实施 TNR 的政策应当受到质疑，流浪猫对于鸟类、哺乳动物和爬行动物种群的影响必须解释得更清楚。这个问题的迫切性，尤其是和濒危物种相关的情况，必须向世人说明。公众也必须警惕流浪猫导致的真实存在的健康风险。公众舆论之战的阵地，如地方听证会、宣传活动，是对所有人开放的，环境保护和科学团体的成员必须在这些会场发起动员，发出声音，尽管面向公众的宣传者并不是科学家的传统角色，这个新角色也许会让他们不适。

户外养猫的倡导者声称，约 300 个县市已经实施了支持 TNR 的规定和政策。在本书写作之时，华盛顿特区、特拉华州和内华达州的斯帕克斯等地已经拉开了资助或抵制 TNR 方案的战线。对于反对 TNR 方案的人来说，这是一场艰苦的斗争，但是采取更负责的行动的呼声会占据上风。2013 年冬天，美国鸟类保护协会加入了佛罗里达州的论战，反对一项立法提案（参议院法案 1320）。该提案一旦通过，根据禁止遗弃动物的法规，TNR 将被免除审议，实质上就是在佛罗里达州将 TNR 合法化。ABC 与佛罗里达州奥杜邦学会、"佛罗里达野生动物捍卫者"、"善待动物组织"和佛罗里达兽医医学协会联手，将流浪猫群中盛行弓形虫病和猫对野生动物造成影响的数据展示出来。最终，尽管佛罗里达州众议院通过了这项法案的一个版本，参议院的法案版本没能在农业委员会通过。在更北边的纽约州，州长安德鲁·科莫最近否决了一项立法提案（A2778/S），该提案打算把纽约州的动物数量控制项目多达 20% 的基金分配给 TNR。科莫引用的证据表明 TNR 没有减少野化家猫数量，而且野化家猫对野生动物有重大影响。如果不是利益相关方（包括 ABC、纽约州奥杜邦学会、康奈尔大学鸟类实验室、观鸟团体、动物福利组织和渔猎群体）联合施加压力，州长本来是不会采纳这种立场的。

　　政府实体确实能够采取前瞻性的措施，以防止流浪猫数量增长。县、州和联邦司法体系应当颁布法律，禁止公地上出现流浪猫。如果这些法规到位，动物管理部门就能依法清除户外流浪猫，它们造成健康威胁（比如经常出没于州或县公园游乐场的猫），或对野生动物有潜在危害（比如国家休闲区内宿营地附近的猫，宿营地旁有濒危鸟类的营巢区）。这样的立法有先例可循——美国《联邦法规》第 36 篇第 2.15 章规定：禁止宠物进入指定的国家公园服务区。具体内容可总结如下：

有授权人士看管、自由活动的宠物或有野性的动物，如有杀死、伤害和骚扰人类、牲畜或野生动物的行为，为公共安全或保护野生动物、牲畜和其他公园资源起见，可将它们处死。对野生动物不造成直接威胁的宠物，可将其囚禁。[7]

面对那些可能导致管理政策偏离科学结果的宣传，野生动物保护和公共卫生团体必须抵制。但与此同时，他们也需要和爱猫群体，如动物收容中心和兽医团体保持沟通，试图找到一些双方的共同点，比如做绝育手术不断增长的投入和总体的动物福利。在一起坦诚地讨论猫杀死动物的事实，就是一个好的起点。"如果爱猫人士承认猫确实对环境产生影响，那我们就有了真正的进展。"俄勒冈州爱护动物协会的莎伦·哈蒙提出，"每次有研究表明猫对环境造成影响，爱猫人士就会说：'不是这样，是人造成了更多的破坏。'我们需要同意猫造成了真正的影响。除非我们能够完全承担我们对所有动物（包括野生动物和家养动物）福利的责任，否则支持和反对某种动物的群体之间一直都会关系紧张，动物也会继续死亡。"[8]

在过去十年中，俄勒冈州波特兰市的波特兰奥杜邦学会和俄勒冈州野猫联盟，建立了一种看似不可能的合作关系——这是两个原本可能针锋相对的组织。"在这十年中，我们和野猫联盟建立了高度信任，"波特兰奥杜邦学会鸟类保护部总管鲍勃·赛林格说，"我们为了彼此认可的共同目标而密切合作。人们猜想这是一种紧张的关系，但完全不是。事实上，我要说这种工作关系就像我们同一些最密切合作的保护组织一样。"[9]

除了前面提到的"中庭之旅"，这两个组织还合作开展了"海登岛猫计划"。这是一个多年计划，旨在减少海登岛上的野猫数量，也是波特兰奥杜邦学会发起的"猫在家更安全"活动的一部分。海登岛是隔开波特兰和华盛顿州温哥华的哥伦比亚大河上的一个小岛，小岛部分地区是工业用地，但仍有几百英亩土地没有开发，为当地的200种鸟提供了栖息地。海登岛也成了一个遗弃猫的地方，有十分活跃的流浪猫群体。"海登岛猫计划"的目标是评估减少岛上猫的数量的可能性，包括使用TNR方案。"流浪猫支持团体中有些人把这一计划视为捕杀猫的借口，"赛林格说，"但真实情况并非如此。我想'野猫联盟'的人们理解，我们的努力是为了所有动物的整体福利。本土和外地鸟类保护团体中也有些人说我们倡导TNR是举了投降的白旗，在这一点我们确实有所让步，我相信我们是在直接解决这个问题。倒不是说在波特兰只有我们知道解决流浪猫捕鸟问题的最好办法，但是我们想通过跟'野猫联盟'完全公开的合作来尝试一些不同的办法。"

　　信念不同的双方联手解决一个共有的问题，这样的例子还出现在夏威夷的考艾岛。该县官员对流浪猫数量的不断增长表示担忧，召集特别小组审议和推荐管理办法，2013年在县政资助下成立了"考艾岛野猫工作组"。这个工作组的成员来自各个利益相关方，包括考艾岛爱护动物协会、属于州土地和自然资源部的林业和野生动物局、美国鱼类和野生动物管理局、当地企业，还有考艾岛信天翁组织。在2014年发布的一份报告中，考艾岛野猫工作组给出了17个推荐办法，包括：

- 通过一则动物数量控制法规，到 2025 年前实现流浪猫数量为零的目标
- 加强现有的养猫许可证法规
- 确定野生动物和文化的敏感区域，在这些地区指导实施流浪猫管理手段
- 禁止在县有土地上喂食、庇护和维持流浪猫聚落
- 对任何被允许在户外活动的猫强制绝育
- 强制推行管理更严格的 TNR 猫聚落（或者用工作组使用的名称"捕捉、绝育、放归和控制的聚落"），绝育率最低达到90%
- 在野生动物和文化较为敏感的区域，将诱捕猫作为工作重点
- 启动（并资助）公众教育计划 [10]

但是到现在为止，考艾县还没有实施工作组推荐的任何一种方案。考艾岛社区猫基金会的成员采取威胁性的诉讼手段，并故意混淆视听，继续阻碍这些方案的实施。几种列入美国濒危物种名录的物种，包括纽厄尔剪水鹱（*Puffinus auricularis newelli*）、夏威夷海燕（*Pterodroma sandwichensis*）和夏威夷鸭（*Anans wyvilliana*），都在考艾岛上繁殖，并沦为了聚落猫的猎物。

尽管科学数据表明不应提倡 TNR，但是不得不承认，这个项目就和它声称要帮助的猫一样，已经成为野外景观的一部分。如果TNR 和聚落猫一定要存在，那么这些聚落的猫必须真正得到控制，必须多设立一些标准。考虑到聚落猫给人类健康和野生动物的生存带

来风险，聚落地点必须远离重要的野生动物栖息地（需由野生动物管理专业人士确定）和人口稠密的居住区。切除猫的卵巢、睾丸和剪耳只是一个起点，需要实施的手段至少还应包括给猫植入微型芯片、以自动装置监控、给猫系上许可证标牌，以及由受过训练的人员在聚落及周边以标准化的方式定期统计猫的数量。因为传染病的风险，应多次诱捕这些猫，以便兽医为其注射加强型疫苗，检查健康状况。聚落照料者应当有正规的训练和认证，保证对猫的行为、健康及猫对其他动物的影响有基本了解。市政当局如果包容和 / 或支持维持猫聚落，也需要测评这种做法是否成功，就像测评其他城市项目一样。（在这种情况下，"成功"的定义是到某个给定日期以前猫的总数有所减少，或者猫群灭绝。）城市管理者还应保证在市内某个子聚落进行研究，更好地了解猫聚落对当地野生动物的影响。所有的猫聚落也必须得到合适的管理——如果没有达成数量减少的目标，或是有野生动物受到危害或猫传播疾病的记录，必须执行新的策略或政策，包括彻底清除猫。那些不带猫去做绝育手术、未获得许可证、没有以上述方式正确管理猫聚落的人，如果饲喂流浪猫，将受到处罚（共有多少人可被划归此类，目前没有统计数据，但很可能有上万人）。"提议清除猫的时候，有些照料者想要宣称某种程度的所有权，"美国鸟类保护协会的格兰特·赛兹摩尔说，"可是同一只猫咬了别人，或者造成财产损坏或惹麻烦时，他们的反应却是：'那不是我的猫，我只是有时喂一喂。'他们不愿意承担责任。"[11]

　　虽然我们已经一再强调给尽可能多的猫做绝育手术的重要性，但是无论如何强调也不为过。根据有些研究（前文中提到过）的统计，个别流浪猫聚落中已做过绝育手术的猫可能低至 2%。"我们不能让猫以现有的速度繁殖，希望能够抑制户外猫的数量，"野生动物兽医大卫·杰索普说，"只要我们不能实现较高的绝育率，猫的数量就还处于一个呈指数增长的曲线，我们永远无法取得成功。"[12]

根据本书已经给出的理由，我们认为，清除所有户外的流浪猫是优先选择（也许不够现实），读者看到这里也许不会吃惊。和一些反对清除手段的人所想的相反，环保人士、生态学家和公共卫生官员希望猫从野外消失，但并不意味着他们想看到猫被杀死。他们只是想要猫从野外消失。在一个更完美的世界，只要有可能被收养，这些动物都会适应跟人类的接触。如果没有可能被一户人家接纳，另一个选择就是将它们送入收容所。你也许听说过或是去过野生动物收容所——大片围起来的土地上，有照料者提供食物和其他必要的医疗服务，那些被遗弃的狮子、大象和其他具有"异域风情"的动物得以了却残生。猫的收容站也以类似的方式运作，只是按比例做相应的调整。比如，加利福尼亚中部夫勒斯诺市附近的"国王河路猫房"为 700 多只猫提供一个栖身之处，它们能在一个 12 英亩大的地方自由活动，这个地方是用防猫围墙围起来的。土地上有很多附属建筑物，栖居者可在此躲避风雨。这家收容所接收了猫，就会给它们做绝育手术，注射疫苗。所有符合条件的猫都可被人领养，每年约有 500 只猫找到领养人。很多猫是从周边地区救助来的，若有人不想再照料自己的猫，花费 5000 美元就可以把猫送到这里，让它们余生都有依靠。

"猫房"工作人员和资助者的付出令人赞赏，他们从环境中清除了捕食者和病媒，同时为这些猫居民提供了安全的处所，不管是几个月还是终其一生。但是这样的收容所并不是一个能够满足现有需求的模式。假如美国共有 6000 万流浪猫（一个保守的估计），我们把 700 只猫作为一个收容所可容纳的数量上限，那么就需要有 8.6 万个收容所。如果 12 英亩的面积足够容纳 700 只猫，8.6 万个收容所就需要占用超过 100 万英亩，也就是 1500 平方英里的土地，这比罗得岛还要大。"猫房"每天饲喂一只猫花费约 1 美元，每年只是食品预算就接近 220 亿美元，几乎是罗得岛 GDP 的一半。

因此，除非罗得岛好心的市民们愿意搬离他们风景优美的州，在此打造一道 8.36 亿英尺长（允许几百万英尺的误差）的围墙，并放弃至少一半的收入来供养新来的猫居民，否则收容所不会是一个大规模可行的解决办法。我们也不能倚赖传统的社区动物收容机构来承担这个重任。据 ASPCA 统计，全美国近 13,600 家独立收容机构每年接收 340 万只猫，其中 130 万只被人收养，140 万只被施以安乐死。即使收容机构能将接收率和收养成功率提高 2 倍或 3 倍（这是极其不可能的），由于大多数收容机构资金短缺，这些数字相对流浪猫庞大的总量也只是杯水车薪。

所有这些情况都表明，我们需要有更全面的认识——考虑到流浪猫问题的规模和每个聚落周边的独特环境，清除野外的流浪猫可能没有一个放之四海而皆准的方案。就算有一个各方同意的方案，还有资金问题。我们怎能得到足够的钱来捕捉上千万只猫，或是给一个罗得岛那么大的地方竖起围墙？美国内务部没有钱来支持这种计划，更不要说州鱼类和野生动物管理部门。但是疾病防治中心（CDC）是另一回事。2016 年 CDC 计划的预算为 70 亿美元，州公共卫生领域的支出超过了 87.5 亿美元。既然各种政府实体资助的广告宣传推动了阻止吸烟的运动，那么以类似的方式在广告牌上标出信息，警示携带弓形虫的猫可能会导致疾病，也会带来公共行为的改变。当社会承认流浪猫对公共卫生造成严重威胁时，这一问题就会被视为公共卫生问题，有望将更多资源投入到流浪猫数量的控制中。

虽然迄今为止，大规模清除流浪猫的成功案例难以找到，但还是有几个亮点。1997 年，加利福尼亚州奇科市的比德韦尔公园流浪猫泛滥成灾。这是一个占地 3670 英亩的市政公园，风景优美，大奇科河将其一分为二。公园邻近城市，结果给当地居民遗弃不想要的宠物提供了方便。比德韦尔公园内栖息着不少鸟种，由于猫的捕食，加利福尼亚鹌鹑（*Callipepla california*）的数量骤减。当地的鸟类保护组织阿尔特卡奥杜邦学会确定这一鸟种数量下降后，极力游说奇科市当局采取行动。在阿尔特卡和其他社区团体的推动下，该市公园和游乐场委员会开始执行奇科市《遗弃和乱扔垃圾法》（禁止乱扔垃圾目的是阻止个人喂养公园的流浪猫），执法后市民不再在公园里遗弃宠物猫，但是现存问题并未解决。之后一年，关注此问题的市民联合起来成立了"奇科市猫联盟"，目标是清除比德韦尔的流浪猫。联盟成立后在第一年捕获了 440 只猫，其中 340 只找到了领养人家，50 只被送到一个谷仓改造的收容所生活，还有 50 只被施以安乐死。比德韦尔的流浪猫数量显著下降后，鹌鹑的数量有所回升。生态平衡在流浪猫死亡数量最小的情况下得以恢复。

十年以后（2007 年），圣尼古拉斯岛上展开了更为复杂的流浪

　　　　　　　　　　流浪猫战争：萌宠杀手的生态影响

猫清除行动。该岛距南加利福尼亚海岸约 60 英里，1950 年代初期猫被引入这个 33 平方英里的小岛，很可能是随驻扎在小小的海军基地（为了操作导弹遥测）的水手到来的。毫无意外，猫的数量开始激增。它们对海鸟种群产生了负面影响，其中包括那些列入联邦受胁物种名录的物种，如夜蜥、西雪鸻、白足鼠的一个亚种，以及列入州受胁物种名录的岛屿灰狐。六个不同的机构（包括美国海军、美国鱼类和野生动物管理局、非政府组织"岛屿保护"等）联手合作，整合并实施清除圣尼古拉斯岛（1962 年出版后备受推崇的儿童小说《蓝海豚之岛》，背景就是这座岛）流浪猫的方案。这个方案为期 18 个月，要使用 250 个装有柔软护垫的捕兽夹，追踪犬，以及可使用 GIS 软件定位的陷阱监测系统。最终有 59 只猫被捕获（没有受伤），用飞机运回大陆。在那里它们接受了体检和绝育手术，然后被放归圣迭戈附近的一个由美国爱护动物协会开设的收容所。这个项目耗资超过 300 万美元，也就是每只猫约 5 万美元。

不惜高昂代价从圣尼古拉斯岛上清除流浪猫，很大程度上是因为它们对濒危物种造成威胁。这些猫被捕获后得以保命，大概是由于海军不愿被视作美军的"流浪猫杀戮分队"，同时也是因为有了"蒙特罗斯定居点恢复计划"基金会的丰厚资助，该基金会是在蒙特罗斯化学公司在滨临南加州的水域排放上百万磅 DDT（滴滴涕）和 PCB（多氯联二苯）后成立的。前文中已经提到，无论从生态还是道德的角度，给濒危物种提供各种可能的机会，以避免其灭绝，都是至关重要的。用非致命手段清除高优先级的野生动物保护区域的流浪猫，并不总能获得雄厚的财力资助，因此在某些情形下不得不考虑致命手段。

首先，必须圈定这些高优先级的地区，其生境滋养着濒危、受胁、数量下降的哺乳动物、鸟类和其他野生动物，也有猫。每一个州都有这种地区。最先让人想到的就是新泽西州的五月岬（Cape May，是笛鸻的营巢地，也是迁徙鸣禽重要的经停地点）；得克萨斯州的加尔维斯顿周边地区（新热带区迁徙鸟种在美国的重要经停地点）；伊利湖南岸滨水地带，是候鸟的另一个停靠站，这些候鸟中包括濒危的黑纹背林莺和近危级别的金翅虫森莺；此外还有整个夏威夷列岛（这里生活着很多濒危物种，如夏威夷僧海豹，33 种其他地方没有的濒危鸟种，包括夏威夷鸭、夏威夷骨顶、夏威夷长脚鹬和在野外已经灭绝的夏威夷乌鸦）。在高优先级地区，对流浪猫必须采取零容忍态度；如果捕获流浪猫，必须从该地区清除出去，绝不能放归。如果流浪猫无法找到收养的家庭，也没有现成的收容所，那么除了安乐死别无选择。如果不能捕获，必须采取其他手段将流浪猫从该地区清除，或是使用具有针对性的毒饵，或是留用专业猎手。

　　没有人愿意杀猫，然而有时候这是必要手段。野生动物兽医大卫·杰索普说："人们需要认识到，安乐死从定义来看就是一种仁慈的手段，是让它们安眠。我们不想大规模地实施安乐死，但这不是恶行。"安乐死通常使用的药物是戊巴比妥，注射巴比妥类药物后，动物呼吸停止，然后死去。如果剂量合适，动物会快速失去意识，在一两分钟内心脏和大脑机能停止。

　　有些猫用诱捕陷阱抓不到，只能用其他方法从野外清除。在澳大利亚（见第六章）使用的是一种名为"好奇"的毒饵，状如香肠，内含氨基苯丙酮，猫摄入后会停止呼吸，然后死去。这种毒饵从空中投放到偏远的内陆地区，那里的野化家猫给本土野生动物，包括澳大利亚一些濒危程度最高的物种造成最重大的威胁。在南印度洋的马里恩岛（南非开普敦以南1200英里），有将近3500只猫，是1949年带到岛上的5只猫的后代，据估计它们在1975年一年杀死了50万只海燕。为了保护海燕和其他面临风险的鸟种，1977年启动了"马里恩岛野猫清除计划"。人们让几只猫感染猫白血病病毒，这种病毒容易传染，最终会导致死亡。到1982年已有近3000只猫因感染猫白血病而死去。余下的猫交给猎人。从1986年到1989年，八支小队，每队由两个猎手组成，使用电池聚光灯和猎枪猎杀野猫。猎杀不再有效时，又用了捕兽陷阱。到1991年，清除计划似乎彻底完成了。

有些人反对将猫从野外清除以保护濒危物种，理由之一是这种方案成本过高，他们常常援引的例子就是南大西洋的阿森松岛（英国海外领地的一部分）。岛上的海鸟包括乌燕鸥（*Onychoprion fuscatus*）、蓝脸鲣鸟（*Sula dactylatra*）和阿岛军舰鸟（*Fregata aquila*），当1815年英国人初次登岛给岛上带来第一批猫时，岛上海鸟数量惊人，据估计有2000万只。在接下去的150年里，主岛上几乎所有的海鸟群落都灭绝了，只在猫无法到达的地点才有残遗群落存活。2002年，英国皇家鸟类保护协会介入，开始启动清除计划，主要采用毒饵和活捕陷阱。到2006年，所有的猫或施以安乐死，或从岛上清走，很快海鸟就开始重新占领那些从前猫能到达的地方。2012年，阿岛军舰鸟也回到岛上营巢，这是180年来首次记录到的。这个清除方案花费了130万美元。

130万美元，是为了救几只鸟花费的不可思议的巨资，还是一笔有利于生物多样性的投资，这取决于你的哲学立场。但是纯粹从财政的角度来看，这种清除计划毫无疑问每一次都能胜利挽救濒危物种，至少在局部区域。2004年到2007年间，在濒危物种保护领域投入的资金按每个物种分项统计，结果是6050万美元用来恢复西南纹霸鹟*的种群数量，6740万美元用来保护红顶啄木鸟，近830万美元用来保护白头海雕。花在笛鸻身上的较少，但也有357万美元。生态敏感地区的流浪猫清除工作既有挑战性又代价高昂，但相较而言是明智的资源利用。如果等到某个物种数量减少到危险的程度，再根据《濒危物种法案》强制执行拯救方案，耗资将更为巨大。投入资源让普通物种保持普通的地位，比起恢复行动总是更节省成本。

和清除流浪猫的严酷手段相呼应，环保主义者和政府实体也应当准备好诉诸法律。某起庭审案件的结果表明，将猫放归野外和维持野化家猫聚落的行为都违反了《候鸟条约法案》和《濒危物种法案》，也违反了禁止遗弃动物的法律。争取对猫聚落和聚落照料者出台强制令也很有必要，尤其是在那些有候鸟或濒危物种栖息地的区域。

想要说服人们为自己的宠物承担更多责任，为环境和更广大人群的健康而采取更有责任心的行动，最大的障碍就是对自然界日益加剧的无知和冷漠。我们的社会城市化程度越来越高，为各种电子娱乐方式所主宰。这两种因素结合起来，让人类社会偏离自然界越来越远。我们同大自然越疏离，对于它的复杂性、它的美，以及它的残酷的一面，了解越少，就越是看不到这个事实：人类是自然系统的内在组成

---

* 西南纹霸鹟拉丁名为 *Empidonax traillii extimus*，是纹霸鹟（*Empidonax traillii*）的一个亚种。

流浪猫战争：萌宠杀手的生态影响

部分，同时依赖自然系统，而我们还在继续毁坏这个系统。如果人们不知道深蓝林莺的存在，即使鸟儿消失，他们也不可能怀念林莺的歌唱。

大自然保护协会最近发布的一项民意调查证明：美国儿童在户外的时间比以前更少，部分原因如下：

- 80% 的儿童说户外令人不适，因为有虫子、天太热，等等
- 62% 的儿童说他们没有抵达自然区域的交通工具
- 61% 的儿童说他们家附近没有自然区域

这些调查结果中有一个亮点，即被调查的孩子中有 66% 说他们曾经有一次亲历大自然，这让他们更能欣赏大自然。

在近期发表在《美国国家科学院院刊》上的一篇论文中，格雷戈里·布拉特曼及其合作者将精神疾病发病率的增长归因于自然体验的减少。他们的实验研究的是户外自然体验对于反刍思维的影响。反刍思维是因无法实现理想目标而产生的一种有害的自我管理的认知方式，与抑郁症和其他精神疾病的高发相关。在实验中，要求一些参与者在自然环境中散步 90 分钟，另一些参与者则在城市环境中散步 90 分钟。据报告，与那些在城市环境中散步的人相比，在自然环境中散步的人的思维反刍程度更轻，大脑膝下前额叶皮质区域（和精神疾病风险有关的区域）的神经活动减弱。这个结果显示，接触自然对于我们在日益城市化的世界维持精神健康可能是很重要的。

如果更多儿童有机会体验自然，我们可能就有最大的希望让野生动物不因流浪猫泛滥而受罪，并且恢复我们所处环境的某种生态平

衡。因为让人们去拯救他们自身并不热爱的对象是不可能的，而人们如果并未体验过自然，就不可能爱上它。

假如有更多的美国人有机会抚摸一只鸣禽，直视它小小的眼睛，感受它心脏的跳动，他们也许会被打动，愿意采取行动去抵御这些生灵所面临的风险，尤其是我们可以控制的那些风险，比如流浪猫。

　　　　　　　　　　　　流浪猫战争：萌宠杀手的生态影响

第九章　我们将面临什么样的自然？

> 珍惜地球上尚存的生灵，促进它们的更新，这是我们生存下去的唯一合理的希望。
>
> ——温德尔·贝里

1934 年 5 月一个晴朗的星期五，当休·哈蒙德·贝内特站在美国众议院议员面前的时候，人们脑海里的印象还停留在华盛顿特区的春花——令人爱怜的樱花。贝内特是美国内务部最新成立的土壤侵蚀防护局局长，他了解议员们所不知道的一些事情：一团巨大的尘埃云正从大平原快速向东移动，很快就要将上百万吨尘土撒向美国的首都、纽约城、波士顿，甚至撒在东部海滨外几百英里处的舰船甲板上。《纽约时报》的一则报道描述，被卷到空中的表层土"落入纽约人的眼睛和嗓子，让他们哭泣不止、咳嗽不停"。[1]此时贝内特进行土壤研究已有三十多年了，他从 1920 年代就开始警告土壤侵蚀可能导致灾难性的后果，并在美国农业部发布的研究报告《威胁全国的土壤侵蚀》中更尖锐地指出这点。草原正以史无前例且不可持续的速度开发成耕地和牧场，没有留下一点维系土壤的草根。1931年开始了旱灾周期，维系土壤的庄稼干死了，表层土一点点被刮走。横扫大平原的沙尘暴越来越频繁，遮天蔽日，笼罩了一片片建筑，而直到此时，立法者或东海岸的当权者才知道情况的严重性。据说就在尘土的黑云在华盛顿纪念牌、林肯纪念堂和国会山四周盘旋的时候，贝内特向济济一堂的议员宣布："先生们，看看吧，这就是我刚才谈到的问题。"[2]

华盛顿接收到了这个信息，并于1935年颁布《土壤保护法》，将轮作、新型耕作方式和广泛植草写入法规。短期内，沙尘暴的发作比之前减少了一半以上，然而对于俄克拉何马州、阿肯色州、密苏里州、艾奥瓦州、内布拉斯加州、堪萨斯州、得克萨斯州、科罗拉多州和新墨西哥州共三百多万被迫离开家园的居民来说，这些改善来得有点迟了。这些尘暴区的生态难民由于对其农耕技术造成的后果的无知——部分也是因为盲目追求个人利益（希望尽可能多种、多卖小麦）——被迫离乡上路，到别处谋得新的生活。很多人经历了痛苦不堪的贫穷和屈辱，多罗西娅·兰格的摄影作品和约翰·斯坦贝克的小说《愤怒的葡萄》对此有出色的刻画和描写。

人性中有古怪的一面，就是不愿面对问题，除非它们演变成了大灾难。无论是因为固执地盯着短期利益、一厢情愿只报喜不报忧，还是一种惰性使然，很多领导人宁可拖延行动，采取观望的态度，也不愿主动寻求解决办法。事关环境或环保问题时，出现这种倾向就格外棘手。多少世代以来，北美这片大地给人们提供了似乎无尽的财富——数量巨大的北美野牛、旅鸽和大麻哈鱼。也许我们美利坚民族一直错误地认为在如此丰饶的大地上，生物资源确实是无穷无尽的，它们会照管好自己——直到最终我们突然开始设法拯救最后残存的种群，或者，它们已经灭绝。

毫无疑问，无论是无主的流浪猫，还是主人允许在外活动的宠物猫，都有可能造成生态和公共卫生灾难。到目前为止，同样确定的是，人们几乎没有采取什么行动来解决这个问题，甚至极少有人意识到这是个问题。那么我们的问题也来了：到底要等怎样的紧急情况或是悲剧发生，才能刺激我们行动起来？某一个物种因为猫的捕食而部分灭绝？真的要等笛鸻、夏威夷海燕或海夫纳沼泽兔从地球上永远消失，我们才会行动吗？或者是暴发一场由猫传染给人的疾病——狂犬病或疫病导致死亡，或是弓形虫病的传播造成精神分裂和自杀的案例？

弓形虫感染引起的疾病高发，确实会产生严重的后果。一个物种衰落，或是永远从地球消失，对人类这个文化整体的波及其实也很严重，然而很多人难以理解这一点。主要栖息地距离家门口上千英里的一只小鸟或一个鼠类消失又有什么关系？环境作家特德·威廉斯*思

---

* 特德·威廉斯（Ted Williams）是美国环境作家和环境记者，关注的主要议题有濒危物种、外来物种的危害和流浪猫问题。他为《奥杜邦》杂志供稿已有三十多年。

忖着佛罗里达草鹀（*Ammodramus savannarum*，一个主要因栖息地丧失而严重濒危的亚种）的未来，道出了为什么应当保护一个物种：

> 对于那些非得问佛罗里达草鹀为什么重要的人，也许唯一的解释是：它之所以重要，不是因为它丰富了人类的生活（虽然的确如此）；不是因为它是某种药物的来源或吃虫的益鸟（也许两者都不是）；不是因为它是一个"标志物种"，告诉我们栖息地还没有被人类完全破坏；也不是因为它是任何别的什么，仅仅是因为它本身。[3]

小说家及环保活动家爱德华·艾比*的回应略为不同：

> 我厌倦了"为什么要保护荒野？"这个老掉牙的、无聊的、平庸的问题。最重要又艰难的问题是："怎么办？怎样保护荒野？"[4]

生态学家常常用"生命的织锦"这个概念来表达每一个物种的重要性，在这里可理解为每一个有机体都有自己的生态功能，作用于更大的生态系统。每当一个物种的数量减少，这幅织锦的一根丝线就有磨损。每当一个物种灭绝，就缺失了一根丝线。磨损或缺失的

---

* Edward Abbey（1927—1989），美国著名的作家和环保活动家，被誉为"美国西部的梭罗"。艾比曾是犹他州拱门国家公园的巡视员，在沙漠的独居岁月成就了日后他最经典的散文作品《孤独的沙漠》（*Desert Solitaire*）。

丝线越多，这幅织锦损坏得就越严重，直到最终分崩离析。有些物种的生态作用是显而易见的：蜜蜂为花草树木传粉，植物得以结果；鸟类吃掉很多植食性昆虫，树木得以苗壮成长；狼群杀死衰老或患病的马鹿，鹿群就不会超出土地的承载能力。还有一些生态作用没有这么明显。例如"大黄石生态系统"的狼（*Canis lupus*），1995年重引入后，开启了一条生态修复链。1930年代，黄石的最后一只狼被杀死以后，马鹿（*Cervus elaphus*）种群渐渐地壮大起来。此外，鹿群不再像以前那样四处活动或分散在各处逃避狼的捕食，尤其在冬季，它们在河流附近集中觅食，吃嫩柳枝。柳树被啃完以后，依靠柳树生存的美洲河狸（*Castor canadensis*）的数量下降了。狼重归荒野以后，马鹿总是四处移动，并分散成小一些的鹿群，不再集中在河边有柳树的地方。柳树恢复以后，河狸也回来了，它们的种群回升到健康水平，然后开始修建新的水坝。河狸的水坝对溪流水文有影响，有助于调节水流，同时又有重新焕发生机的柳树提供荫蔽，为克拉克大麻哈鱼（*Oncorhynchus clarki*）的鱼苗创造了更好的生长环境。

大部分生态学家都乐意承认，我们并不了解这幅生命织锦中每一个有机体扮演的角色，也不完全理解这些经线纬线是如何编织在一起的。同时，他们也极其担忧，一旦这既强大又脆弱的生命网络开始瓦解，我们将面临怎样的未来。

鸟类，以及它们代表的更大的生态系统，正面临多方威胁。比如气候变化和过度开发造成的栖息地丧失，这些挑战是如此庞大，几乎不可克服。一个人也许愿意把汽车留在家里，骑自行车去商店买一棵有机生菜，然而为了减少温室气体而做出这点姿态真的能起到作用吗？何况那棵生菜还是用卡车从 200 英里外的一家农场运来的。流浪猫给我们的环境健康带来的挑战，和气候变化无法相提并论，但在这件事上我们每个人都能有所作为，这也是一个在相对较短的时间内能够逆转的问题。好消息是，只要给大自然一个机会，它就能迅速复原。

作为一个物种，人类也面临着以致命疾病形式呈现的诸多威胁。虽然疟疾（由蚊子传播的寄生虫引起）在美国大部分地区已经根除，但是这种病每年依然夺走数十万个生命，特别是在撒哈拉以南非洲地区（2012 年有 62.7 万人死于疟疾）。我们了解疟疾的成因，也能给人们接种疫苗，尽可能地减少疾病的发作。如果一个人感染了疟疾，确诊得够早，通常可以成功治愈。突发性的致命疾病（比如埃博拉病毒和寨卡病毒）每隔几年就会出现，给现有资源造成极大压力，流行病学家、医生和公共卫生官员竭尽全力研究病理，治疗患者，防止疾病传播给更多人群。流浪猫携带的一些能传播给人类的病原体，如狂犬病和疫病，也许不会发展到流行病的程度；但是弓形虫病感染已经发展到流行病的程度，将我们置于一种完全不同的情势。我们现在已经知道这种病的根源，也有能力扭转一场迫近的公共卫生危机。

在上一章，我们探讨了几个控制流浪猫数量的实际解决方案。但是在照此办理以前，依然有两个更具有哲学性质的障碍。一是普通个体难以把握流浪猫问题的严重性。生态学家终其一生思考和研究"规模"的概念——比如说，量化一个街区的数据点，按比例放大到一个城市，然后是一个地区，最后是一个大洲的规模。但大部分人从来没有考虑过这个问题。詹尼弗·麦克唐纳及其同事在研究中调查了养猫人对其宠物捕食习惯的态度（见第八章），假如宠物猫主人真的要了解猫对野生动物的影响，他们首先需要理解个体捕食率是如何随着猫的密度增长而按比例增大的。没有足够的信息和知识，普通人很难想到，他们的猫或当地便利店后面林中的流浪猫杀死的那几只（或十几只）鸟，其实反映了一个普遍而严重的问题。

无法根据情境来考虑规模，这就导致了一个更大的挑战——很多人不愿意或无法承认科学研究的有效性，特别是在研究和他们自己的信仰体系相左时。《华盛顿邮报》的记者克里斯·穆尼对否定科学的情况做过大量研究。穆尼注意到人们依从本性会在某些情形下变得盲目，先前的信仰会发生作用，错误地影响我们处理新信息的过程，甚至还能引导我们脑海中浮现什么记忆和联想。这种现象叫作"确认式偏见"。关于否定科学，穆尼举的例子是气候变化怀疑论和对儿童疫苗的狂热反对，很多人错误地认为疫苗注射导致自闭症。否定疫苗作用的人还建立了自己的媒体（如网站"自闭症世纪"），这类媒体又被当作"权威"引用，以尖刻的批评和驳斥来攻击任何质疑他们观点的新研究成果。这和户外猫支持团体炮轰任何声明流浪猫导致问题的新研究如出一辙。

第二个需要克服的障碍是有些人无法接受安乐死的手段，但一个成功的长期措施必然牵涉安乐死。迈克尔·苏尔被视为保护生物学的创始人之一、生物多样性的捍卫者，他认为这种对"不杀"伦理的强硬坚持反映出一种同情心的错位。"有些参与环境保护和动物福利运动的人反对一切杀害，"他说，"但是这并不一定是最富有同情心的立场。有些情况下，不杀是一种错位的同情心，因为在彼时彼地，杀才是最仁慈的行为，而你永远不能忘记这种杀害。这是同情悖论的一部分。有时你付出同情的时候，自己也受到折磨。"[5]

在环保界和生态学界以外，很多人还将继续否认任何有关流浪猫构成生态或公共卫生风险的观点，无论他们面前有多少证据。其中有些人愿意承认猫可能对野生动物有影响，但会急着补充说，问题仅限于岛屿。流浪猫在岛屿上已经产生了（还将继续产生）不合比例的影响，这毫无疑问。前文中已经写过，已确认因猫而导致灭绝的33个物种中，很多都是在岛屿消失的。同样，夏威夷群岛的很多特有鸟种当前已被列入濒危物种名录，由于流浪猫的捕食和疾病传播，它们日后的命运也悬而未决。但是斯坦利·坦普尔1989年的研究表明，户外猫的影响在大陆上也正体现出来，而且在某些地方比其他地方更为严重，后来的很多研究也证实了这一点。坦普尔的研究表明：威斯康星州完整保留的草原"岛屿"，作为作物带间的自然生境保持下来，虽然最初的目的是为野生动物提供栖息地，却成了猫捕食野生动物的首选之地。城市和郊区的开发导致自然生境碎片化，也和岛屿类似，只不过这种城市岛屿集中了得到帮助的捕食者（如人类喂养的猫），而郊狼这类大型捕食者却是缺席的。前面也探讨过：这种"岛屿"上的野生动物受到的影响是灾难性的。很明显，猫对于大陆地区的种群具有影响。流浪猫种群会占据大平原地区、索诺兰沙漠、落基山脉或哥伦比亚盆地，威胁那里的鸟类和小型哺乳动物吗？相当有可能。如果把允许出门活动的宠物猫也算在内，户外猫的数量估计多达1500

万，它们可能会在温带地区继续扩散，那里有好心但被误导的个人出于怜悯为其提供食物；或是在偏远的地区，那里有足够多的野生动物任其消耗。这些猫会继续严重减少本土物种的数量，在猫群数量增多以后，它们会以更快的速度传播病原体及其导致的疾病。也就是说，除非我们能够赢得政策和道义的支持，否则它们就会控制局面。

　　流浪猫不是世界末日的预告者。大多数人知道，在美国，流浪猫不会像气候变化和生境破坏那样剧烈地改变人们的生活。但是，如果现有的趋势持续下去，它们的数量不断增加，将会导致动物传染的病例小幅增加——也有可能是大幅增加。在流浪猫出没的地区，我们会继续看到本土鸟类和其他野生动物种群衰落的案例。越来越多的美国人在早晨醒来，即使还能听到鸟儿鸣唱，叫声也将愈发微弱；后院越来越多的喂鸟器将会闲置，没有访客到来。留给我们的世界将依然可以辨认，却只会变得更加单调，不再多姿多彩。

　　关于未来将会如何，佛罗里达州的例子给了我们一些提示，至少是从生态的视角。在历史上，佛罗里达曾是美国物种最丰富的几个州之一。然而在 20 世纪，因为经济开发，该州的大片海岸草原、松树低洼林地和硬木群落被清除殆尽。未被砍伐的林地，特别是在佛罗里达大沼泽地，则受到人为水文状况的影响。余留的未被开发、未受破坏的栖息地被公路分割成一条一条的，形成碎片化的"岛屿"，限制了物种的活动，削弱了其他的生态功能。这些事实，再加上（某些地区的）流浪猫的因素，导致佛罗里达成为濒危和受胁物种数量高居全美第三的地方,仅次于夏威夷和加利福尼亚。这些物种中有 51 种经联邦确定的濒危物种(包括 8 种鸟)和 30 种经联邦确定的受胁物种(包括 5 种鸟)。佛罗里达尤其值得注意的是入侵物种的数量——据记录有超过 500 种鱼类和其他外来物种已在阳光州定居。有些较为著名的入侵物种,如缅甸巨蟒和巨蜥,之所以能在此地立足,大多是因为宠物长得过大时,不负责任的宠物主人无法处理,就把它们放生在佛罗里达大沼泽和其他湿地。这些入侵物种和它们捕食的很多地方特有种一样,也喜欢佛州的亚热带气候。如果这一趋势持续下去,再过五十或一百年,佛罗里达的本土动植物和"迪士尼世界"动工以前的动植物群落就没有多少相似之处了。

1934 年 5 月,来自大平原的沙尘微粒覆盖了华盛顿特区的大理石纪念碑,扫清尘土后不久,政府采取了一些措施,以免美国的粮仓最终遭受下一次灾难的重创。美国人也曾团结起来,集合资源和智慧,以阻止另外一些因为我们和自然界的紧张关系而导致的潜在灾难。20 世纪伊始,东海岸的很多城市居民被流浪狗传染了狂犬病。立法部门行动起来,制定了关于养狗许可证和疫苗注射的法规,将狗在街头流浪定为非法行为。人们改变了对待宠物狗的态度,也以合法的手段清除了街头感染疾病的流浪狗。关于 DDT 的问题也有类似的转变。蕾切尔·卡森的著作《寂静的春天》让我们意识到 DDT 正危及鹰、隼和鹈鹕等很多鸟类的未来。经过十年,花费了上亿美元,DDT 才最终被禁止使用,此后鸟类的数量有所回升。

蒂帕帕博物馆（新西兰国家博物馆）坐落于威灵顿港的滨海大道，是一栋独特醒目的建筑。它背靠山丘，对面有家自酿啤酒的酒吧。附近是中央商业区的高层建筑，整体环境有点旧金山的味道。蒂帕帕博物馆共有六层，展览主要与新西兰的博物和文化史有关。馆藏有全世界最大的巨枪乌贼标本，重 1091 磅，长 14 英尺。此外还有一系列详细介绍入侵物种及其影响的陈列品，包括已经灭绝的新西兰物种的标本，其中有 15 世纪因毛利人过度捕猎而灭绝的硕腿恐鸟，还有世界已知体形最大的猛禽哈斯特鹰，这种鸟也在 15 世纪灭绝，原因就是它的主要猎物硕腿恐鸟先行灭绝。在博物馆的三层，相比那些灭绝的大型伙伴的陈列处不那么显要的地方，有两只史蒂文斯岛鹪鹩的复制品陈列在一个小玻璃柜中。史蒂文斯岛鹪鹩之所以也在此列，是因为从前的灯塔守护者好心地将一只名叫提伯斯的猫带上了岛。那只猫和它的后代做了是猫都会做的事：捕捉并杀死猎物。史蒂文斯岛鹪鹩在演化的过程中没有天敌，既不会飞，也不会回击，于是轻易沦为猫的猎物。几年的光景，这种鸟就消失了。时不时，一个参加博物馆实地考察的孩子在寻找巨枪乌贼时走错方向，就会偶然撞上这两只小鸟。它们的样子有点滑稽，长长的喙，长长的腿，稍显凌乱的浅棕色羽毛。孩子们会了解到它们已经灭绝。他们不一定理解灭绝意味着什么，也不明白眼前是这种褐色小鸟在全世界仅存的几个标本之一。史蒂文斯岛鹪鹩在 120 多年前已经灭绝，但它依然是一个温和的警示，提醒人类，因人类而出现的流浪猫是如何导致其他物种永远消失。这种消失会让我们的民族、国家乃至世界变得更加贫乏吗？我们认为会。

今天，人们出于好心的某些行为，同样重要的，还有在其他方面的不作为，正在产生意想不到的后果，导致生态系统灿烂的织锦慢慢解体，并让世界各地人们的健康受到威胁。在室内，猫是出色的宠物，一旦放归野外，却成了无情的杀手和疾病的传播者，这并非它们自身的过错。如果猫继续在野外自由生活，不难想象，在并不久远的未来，某一天你的儿子或女儿走进一个博物馆，会看到一个小小的展览，陈列着笛鸻、粉红燕鸥、夏威夷乌鸦、佛罗里达丛鸦、基拉戈棉鼠、查克托哈奇沙滩鼠、卡特琳娜岛鼩鼱、海夫纳沼泽兔，或来自世界各地的岛屿和大洲的任何其他物种，标签上写着："现已灭绝。"

致谢

　　对帮助我们改进本书各个方面的有关人士，在此深表感激。感谢斯坦利·坦普尔、大卫·杰索普、罗伯特·马拉和斯科特·洛斯仔细阅读关键内容和个别篇章。感谢克里斯多夫·莱普契克、斯科特·洛斯、安妮·佩罗、比尔·汤普森、格兰特·赛兹摩尔为整本书做出评审。安妮·佩罗总是不断提出质疑，督促我们在书中始终保持公允。非常感谢我们很多亲密的朋友和同事基思·加尔森、道格·莱文、马特·利特尔约翰、松本肯、戴夫·莫斯科维茨、凯文·奥姆兰德、杰夫·罗奇、珍妮特·朗布尔、桑娅·谢弗、斯科特·西列特和汤姆·威尔愿意给出反馈意见。我们的著作代理人，莱文·格林伯格·罗斯坦版权代理公司的丹妮尔·斯维特科夫，自始至终对本书的方方面面给予肯定。感谢罗伯特·柯克对这个项目寄予的信任，还有普林斯顿大学出版社团队的其他成员，包括大卫·坎贝尔、马克·贝利斯和自由编辑艾米·K.休斯，他们协助我们奋力抵达终点。特别感谢蒂娜·桑泰拉和安迪·桑泰拉给我们做了很多比萨饼，我们十几岁时结下的友情就是这些美食培养出来的。最后，我们感谢所有热爱动物的人满腔的热忱。很多时候，是他们为那些在人类行动的过程中无法发声的个体代言，付出艰辛的努力。我们衷心希望，所有关心动物的人们可以团结一心，为所有物种之间的平衡开拓一条道路。

注释

第一章　史蒂文斯岛鹪鹩的讣告

1. 关于灯塔守护员大卫·莱尔的性格、想法和他于 1894 年到 1895 年在史蒂
文斯岛留守时的观察记录甚少。文中关于他的思考和活动部分是虚构的，
但都符合当时的博物学思想和鸟类学惯例。
2. Medway, "The land bird fauna of Stephens Island".

第二章　美国的乳业产地及屠宰场

1. Brattstrom and Howell, "Birds of the Revilla Gigedo Islands".
2. Stanley Temple, interviewed by Peter Marra, Sep. 24, 2014.

第三章　完美风暴——爱鸟群体和爱猫群体的兴起

1. Carson, *Roger Tory Peterson*, p. 8.
2. Ibid.
3. Seton, *Two Little Savages*, p. 312.
4. Bill Thompson, in discussion with Chris Santella, Nov. 6, 2014.
5. Carlson, *Roger Tory Peterson*, p. 3.

6. Bill Thompson in foreword to Santella, *Fifty Places*.

7. Sharon Harmon, in conversation with Chris Santella, Apr. 10, 2015.

8. Castster, "75 Reasons".

9. State of New York, Article 26.

10. "Cat Colony Caretakers, Episode 3."

11. "Cat Colony Caretakers, Episode 2."

12. "Cat Colony Caretakers, Episode 1."

第四章　关于物种衰落的科学

1. Forbush, *The Domestic Cat*, p. 3.

2. Ibid., p. 29.

3. Ibid., pp. 37—42.

4. Ibid., p. 106.

5. Brinkley, *Wilderness Warrior*, p. 6.

6. Stallcup, "Cats", p. 8.

7. Angier, "That Cuddly Kitty", NYTimes. com.

第五章　僵尸制造者——传播疾病的猫

1. American Veterinary Medical Association, "AVMA Model Rabies Control Ordinance".

2. Centers for Disease Control and Prevention, "Parasites: Toxoplasmosis".

第六章　锁定目标问题

1. U. S. Fish and Wildlife Service, "Endangered Species Act I Section 3".

2. U. S. Fish and Wildlife Service, "Digest of Federal Resource Laws".

3. Animal Legal Defense Fund, "Texas".

4. David Favre, in e-mail conversation with Chris Santella, Apr. 21, 2015.

5. Michigan State University College of Law, "Question 62".

6. Beversdorf, *Here, Kitty Kitty.*

　　　　　　　　　　　　　　　流浪猫战争：萌宠杀手的生态影响

7. Stanley Temple, interviewed by Peter Marra, by telephone, Sep. 24, 2014.

8. John Woinarski, interviewed by Chris Santella, by telephone, May 11, 2015.

9. Adams, "Wamsley walks away".

10. Australian Government, Department of the Envirionment, "Draft".

11. Tharoor, "Australia actually declares 'war' ".

12. Gregory Andrews, interviewed by Chris Santella, by email, May 14, 2015.

13. Ramzy, "Australia Writes Morrissey".

14. Cats to Go, https://gareths world. com/catstogo/#.VvnUzOYp6PU.

15. Gareth Morgan, interviewed by Chris Santella, in person, Dec. 5, 2014.

16. Groc, "Shooting Owls".

17. Bob Sallinger, interviewed by Chris Santella, in person, Apr. 22, 2014.

18. Cornwall, "There Will Be Blood".

19. Marc Beckoff, "U. S. Army Corps of Engineers to Kill Thousands of Cormorants".

20. Barcott, "Kill the Cat".

21. Ibid.

22. CBS News, "Bird Watcher on Trial".

23. Rice, "Galveston Bird Watcher /Cat Killer".

24. Moonraker, "Bird Lovers All Over the World Rejoice".

第七章 TNR——绝非解决之道

1. Sarah Smith, in conversation with Chris Santella, Apr. 10, 2013.

2. People for the Ethical Treatment of Animals, "History".

3. People for the Ethical Treatment of Animals, "What is PETA's stance?"

4. Ron Orchard in conversation with Chris Santella at the Oregon Humane Society, Jul. 21, 2015.

5. Sarah Smith, in conversation with Chris Santella, Apr. 18, 2013. /Dell' Amore, "Writer's Call to Kill Feral Cats Sparks Outcry".

6. Dauphine and Cooper, "Impacts of Free-Ranging Domestic Cats", p. 213.

7. City of Houston, "About Trap-Neuter-Return Program".

8. Ibid.

9. Laura Gretch, in discussion with Chris Santella, Apr. 11, 2013.

10. Barrows, "Professional, ethical, and legal dilemmas".

11. Longcore et al., "Critical assessment".

12. National Audubon Society, "National Audubon Society Resolution".

13. Dell'Amore, "Writer's Call to Kill Feral Cats Sparks Outcry".

第八章 野外少一些流浪猫：猫、鸟、人都受益

1. Pacelle, "Finding Common Ground".

2. David Jessup, in conversation with Chris Santella, Sep. 4, 2015.

3. Sharon Harmon, in conversation with Chris Santella, Apr. 10, 2015.

4. Grant Sizemore, in conversation with Chris Santella, Sep. 9, 2015.

5. Christopher Lepczyk, in conversation with Chris Santella, Sep. 12, 2015.

6. Sizemore, Santella, Sep. 9, 2015.

7. Michigan State University College of Law, "Code of Federal Regulations. Title 36".

8. Harmon, Santella, Apr. 10, 2015.

9. Bob Sallinger, in conversation with Chris Santella, Mar. 15, 2013.

10. Alder, *Kauai Feral Cat Task Force: Final Report.*

11. Sizemore, Santella, Sep. 9, 2015.

12. Jessup, Santella, Sep. 4, 2015.

第九章 我们将面临什么样的自然？

1. History. com, "This Day in History: May 11, 1934".

2. *American Experience*, "Surviving the Dushbowl".

3. Williams, "The Most Endangered Bird in the Continental U. S".

4. Abbey, "Cactus Chronicles".

5. Michael Soule, in discussion with Chris Santella and Peter Marra, Oct. 17, 2015.

参考文献

Abbey, Edward. "Cactus Chronicles." *Orion Magazine*, n.d. https://orionmagazine.org/article/cactus-chronicles/.

Adams, Prue. "Wamsley walks away from Earth Sanctuaries." *Land-line*, Mar. 27, 2005. http://www.abc.net.au/landline/content/2005/s1330004.htm.

Adler, Peter S. *Kauai Feral Cat Task Force: Final Report*. Mar. 2014. http://www.accord3.com/docs/FCTF%20Report%20FINAL.pdf.

Alley Cat Allies. "Cats & The Environment Resource Center." http://www.alleycat.org/page.aspx?pid=324 (accessed Dec. 28, 2015).

Alley Cat Allies. "Smithsonian-Funded Junk Science Gets Cats Killed." http://www.alleycat.org/sslpage.aspx?pid=1443 (accessed Dec. 28, 2015).

American Bird Conservancy. "WatchList Species Account for Piping Plover." http://www.abcbirds.org/abcprograms/science/watchlist/piping_plover.html (accessed Jul. 22, 2015).

American Experience. "Surviving the Dustbowl." 2007. http://www.pbs.org/wgbh/americanexperience/features/transcript/dustbowl-transcript/.

American Museum of Natural History. ". . . an on-going process." http://www.amnh.org/science/biodiversity/extinction/Intro/OngoingProcess.html (accessed Apr. 19, 2015).

American Pet Products Association National Pet Owners Survey 2011–2012. Greenwich, CT: American Pet Products Manufacturers Association, Inc., 2011.

American Society for the Prevention of Cruelty to Animals. "Shelter Intake and Surrender." https://www.aspca.org/animal-homelessness /shelter-intake-and-surrender (accessed Jul. 12, 2015).

American Veterinary Medical Association. "AVMA Model Rabies Control Ordinance." https://www.avma.org/KB/Policies/Documents/avma -model-rabies-ordinance.pdf (accessed Sep. 20, 2015).

American Veterinary Medical Association Pet Ownership and Demographics Sourcebook, 2nd ed. Schaumburg, IL: American Veterinary Medical Association, 2007.

Angier, N. "That Cuddly Kitty Is Deadlier Than You Think." *New York Times*, Jan. 29, 2013. http://www.nytimes.com/2013/01/30/science /that-cuddly-kitty-of-yours-is-a-killer.html.

"Animal Equity–YouTube." https://www.youtube.com/user/animalequity.

Animal Legal Defense Fund. "Animal Protection Laws of Texas." In *Animal Protection Laws of the USA and Canada*. 8th ed. 2013. http:// aldf.org/wp-content/themes/aldf/compendium-map/us/2013/TEXAS .pdf.

Aramini, J. J., C. Stephen, J. P. Dubey, C. Engelstoft, H. Schwantje, and C. S. Ribble. "Potential contamination of drinking water with *Toxoplasma gondii* oocysts." *Epidemiology and Infection* 122, no. 2 (1999): 305–15.

Australian Government. Department of the Environment. "Draft: Threat abatement plan for predation by feral cats." https://www.environment .gov.au/biodiversity/threatened/threat-abatement-plans/draft-feral -cats-2015 (accessed Jul. 28, 2015).

Baptista, L. F., and J. E. Martínez-Gómez. "El programa de reproducción de la Paloma de la Isla Socorro, *Zenaida graysoni*." *Ciencia y Desarrollo* 22 (1996): 30–35.

Barcott, Bruce. "Kill the Cat That Kills the Bird?" *New York Times Magazine*, Dec. 2, 2007. http://www.nytimes.com/2007/12/02/magazine /02cats-v--birds-t.html?_r=0 (accessed Sep. 1, 2015).

Barnosky, Anthony D., Nicholas Matzke, Susumu Tomiya, Guinevere OU Wogan, Brian Swartz, Tiago B. Quental, Charles Marshall, et al. "Has the Earth's sixth mass extinction already arrived?" *Nature* 471, no. 7336 (2011): 51–57.

Barrows, Paul L. "Professional, ethical, and legal dilemmas of trap-neuter-release." *Journal of the American Veterinary Medical Association* 225 (2004): 1365–69.

Beckoff, Marc. "U.S. Army Corps of Engineers to Kill Thousands of Cormorants: There Will Be Blood." *HuffPost Green.* http://www .huffingtonpost.com/marc-bekoff/u-s-army-corps-of-engineers-to-kill -thousands-of-cormorants-there-will-be-blood_b_6964178.html.

Benenson, Michael W., Ernest T. Takafuji, Stanley M. Lemon, Robert L. Greenup, and Alexander J. Sulzer. "Oocyst-transmitted toxoplasmosis associated with ingestion of contaminated water." *New England Journal of Medicine* 307, no. 11 (1982): 666–69.

Berdoy, M., J. P. Webster, and D. W. Macdonald. "Fatal attraction in *Toxoplasma*-infected rats: A case of parasite manipulation of its mammalian host." In *Proceedings of the Royal Society B*, vol. 267 (2000): 267.

Beversdorf, Andy (dir.). *Here, Kitty Kitty.* Prolefeed Studios, 2007.

Blancher, P. "Estimated Number of Birds Killed by House Cats (*Felis catus*) in Canada / Estimation du nombre d'oiseaux tués par les chats domestiques (*Felis catus*) au Canada." *Avian Conservation and Ecology* 8.2 (2013): 3.

Blanton, J. D., D. Palmer, and C. E. Rupprecht. "Rabies surveillance in the United States during 2009." *Journal of the American Veterinary Medical Association* 237 (2010): 646–57.

Bonnington, C., K. J. Gaston, and K. L. Evans. "Fearing the feline: Domestic cats reduce avian fecundity through trait-mediated indirect effects that increase nest predation by other species." *Journal of Applied Ecology* 40 (2013): 15–24.

Bratman, Gregory N., J. Paul Hamilton, Kevin S. Hahn, Gretchen C. Daily, and James J. Gross. "Nature experience reduces rumination and subgenual prefrontal cortex activation." *Proceedings of the National Academy of Sciences* 112, no. 28 (2015): 8567–72.

Brattstrom, Bayard H., and Thomas R. Howell. "The Birds of the Revilla Gigedo Islands, Mexico." *Condor* 58, no. 2 (1956): 107–20. doi:10.2307/1364977.

Brautigan, Richard. "The Good Work of Chickens." In *The Revenge of the Lawn.* New York: Simon & Schuster, 1971.

Brinkley, Douglas. *The Wilderness Warrior: Theodore Roosevelt and the Crusade for America.* New York: HarperCollins, 2009.

Campagnolo, E. R., L. R. Lind, J. M. Long, M. E. Moll, J. T. Rankin,

K. F. Martin, M. P. Deasy, V. M. Dato, and S. M. Ostroff. "Human Exposure to Rabid Free-Ranging Cats: A Continuing Public Health Concern in Pennsylvania." *Zoonoses and Public Health* 61, no. 5 (2014): 346–55.

Carlson, Douglas. *Roger Tory Peterson: A Biography*. Austin: University of Texas Press, 2012.

"Cat Colony Caretakers, Episode 1," Animal Equity. https://www.youtube.com/watch?v=2EMBlNr4CbM.

"Cat Colony Caretakers, Episode 2," Animal Equity. https://www.youtube.com/watch?v=1-9edYnQs5U.

"Cat Colony Caretakers, Episode 3," Animal Equity. https://www.youtube.com/watch?v=mxHLAmLNvSw.

Cat House on the Kings. "What We Do." http://www.cathouseonthekings.com/whatwedo.php (accessed Oct. 12, 2015).

Catster. "75 Reasons to Love Cats." http://www.catster.com/lifestyle/75-reasons-to-love-cats.

Cats to Go website. https://garethsworld.com/catstogo/.

CBS News. "Bird Watcher on Trial for Killing Cat." Nov. 16, 2007. http://www.cbsnews.com/news/bird-watcher-on-trial-for-killing-cat/ (accessed Jul. 18, 2015).

Ceballos, G., P. R. Ehrlich, A. D. Barnosky, A. García, R. M. Pringle, and T. M. Palmer, "Accelerated modern human-induced species losses: Entering the sixth mass extinction." *Science Advances* 1 (2015): e1400253.

Centers for Disease Control and Prevention. "Compendium of Animal Rabies Prevention and Control." *Morbidity and Mortality Weekly Report*, Nov. 4, 2011 (R.R. vol. 60, no. 6): 1–18. http://www.cdc.gov/mmwr/pdf/rr/rr6006.pdf.

Centers for Disease Control and Prevention. "Parasites: Toxoplasmosis (*Toxoplasma* infection)." http://www.cdc.gov/parasites/toxoplasmosis/ (accessed Sep. 19, 2015).

Centers for Disease Control and Prevention. "Parasites: Toxoplasmosis (*Toxoplasma* infection). Biology." http://www.cdc.gov/parasites/toxoplasmosis/biology.html (accessed Sep. 19, 2015).

Centers for Disease Control and Prevention. "Rabies Surveillance in the U.S.: Domestic Animals—Rabies." http://www.cdc.gov/rabies/location/usa/surveillance/domestic_animals.html (accessed Sep. 20, 2015).

Churcher, P. B., and J. H. Lawton. "Predation by domestic cats in an En-

流浪猫战争：萌宠杀手的生态影响

glish village." *Journal of Zoology* 212, no. 3 (1987): 439–55.

City of Houston. "About Trap-Neuter-Return Program." http://www.houstontx.gov/barc/trap_neuter_return.html (accessed Aug. 23, 2015).

Coelho, F. M., M. R. Q. Bomfim, F. de Andrade Caxito, N. A. Ribeiro, M. M. Luppi, É. A. Costa, and M. Resende. "Naturally occurring feline leukemia virus subgroup A and B infections in urban domestic cats." *Journal of General Virology* 89, no. 11 (2008): 2799–2805.

Coleman, J. S., and S. A. Temple. "Effects of free-ranging cats on wildlife: A progress report." Fourth Eastern Wildlife Damage Control Conference (1989).

Coleman, John S., and Stanley A. Temple. "Rural residents' free-ranging domestic cats: A survey." *Wildlife Society Bulletin (1973–2006)* 21, no. 4 (1993): 381–90.

Cornell University College of Veterinary Medicine, Cornell Feline Health Center. "Feline Leukemia Virus." http://www.vet.cornell.edu/fhc/health_information/brochure_felv.cfm (accessed Mar. 7, 2015).

Cornwall, Warren. "There Will Be Blood." *Conservation*, Oct. 24, 2014. http://conservationmagazine.org/2014/10/killing-for-conservation/.

Crooks, D. R., and M. E. Soule. "Mesopredator release and avifaunal extinctions in a fragmented system." *Nature* 400 (1999): 563–66.

Cunningham, Mark, Brown, Shindle, Terrell, Hayes, Ferree, McBride, Blankenship, Jansen, Citino, Roelke, Kiltie, Troyer, O'Brien. "Epizootiology and Management of Feline Leukemia Virus in the Florida Puma." *Journal of Wildlife Diseases* 44, no. 3 (July 2008): 537–52. doi:10.7589/0090-3558-44.3.537.

Daniels, M. J., M. C. Golder, O. Jarrett, and D. W. MacDonald. "Feline viruses in wildcats from Scotland." *Journal of Wildlife Diseases* 35, 1 (1999): 121–24.

Dauphiné, Nico, and Robert J. Cooper. "Impacts of Free-Ranging Domestic Cats (*Felis catus*) on Birds in the United States: A Review of Recent Research, with Conservation and Management Recommendations." *Proceedings of the Fourth International Partners in Flight Conference: Tundra to Tropics*, Oct. 2009, pp. 205–19. http://www.partnersinflight.org/pubs/McAllenProc/articles/PIF09_Anthropogenic%20Impacts/Dauphine_1_PIF09.pdf.

Dawson, T. "Cat Disease Threatens Endangered Monk Seals." *Scientific American*, Dec. 7, 2010. http://www.scientificamerican.com/article/cat

-disease-threatens-endangered-monk-seals/ (accessed Mar. 17, 2016).

Dell'Amore, Christine. "Writer's Call to Kill Feral Cats Sparks Outcry." *National Geographic*, Mar. 22, 2013. http://news.nationalgeographic.com/news/2013/03/130320-feral-cats-euthanize-ted-williams-audubon-science/.

Doll, J. M., P. S. Seitz, P. Ettestad, A. L. Bucholtz, T. Davis, et al. "Cat transmitted fatal pneumonic plague in a person who travelled from Colorado to Arizona." *American Journal of Tropical Medicine and Hygiene* 51 (1994): 109–14.

Dyer, Jessie L., Ryan Wallace, Lillian Orciari, Dillon Hightower, Pamela Yager, and Jesse D. Blanton. "Rabies surveillance in the United States during 2012." *Journal of the American Veterinary Medical Association* 243, no. 6 (2013): 805–15.

eMarketer. "U.S. Total Media Ad Spend Inches Up, Pushed by Digital." http://www.emarketer.com/Article/US-Total-Media-Ad-Spend-Inches-Up-Pushed-by-Digital/1010154 (accessed Sep. 24, 2015).

Filoni, C., J. L. Catão-Dias, G. Bay, E. L. Durigon, R. S. P. Jorge, H. Lutz, and R. Hofmann-Lehmann. "First evidence of feline herpesvirus, calicivirus, parvovirus, and *Ehrlichia* exposure in Brazilian free-ranging felids." *Journal of Wildlife Diseases* 42, no. 2 (2006): 470–77.

Flegr, Jaroslav. "How and why *Toxoplasma* makes us crazy." *Trends in Parasitology* 29, no. 4 (2013): 156–63.

Flegr, J., J. Prandota, M. Sovičková, and Z. H. Israili. "Toxoplasmosis—a global threat. Correlation of latent toxoplasmosis with specific disease burden in a set of 88 countries." *PLoS One* 9, 3 (Mar. 2014): e90203. doi:10.1371/journal.pone.0090203.

Foley, Patrick, Janet E. Foley, Julie K. Levy, and Terry Paik. "Analysis of the impact of trap-neuter-return programs on populations of feral cats." *Journal of the American Veterinary Medical Association* 227, no. 11 (2005): 1775–81.

Fooks, A. R., A. C. Banyard, D. L. Horton, N. Johnson, L. M. McElhinney, and A. C. Jackson. "Current status of rabies and prospects for elimination." *The Lancet* 384, no. 9951 (2014): 1389–99.

Forbush, E. H. *The Domestic Cat: Bird Killer, Mouser and Destroyer of Wild Life, Means of Utilizing and Controlling It.* Boston, MA: Wright & Potter Printing Co., 1916.

Fromont, E., D. Pontier, A. Sager, F. Leger, F. Bourguemestre, E. Jouquelet,

P. Stahl, and M. Artois. "Prevalence and pathogenicity of retroviruses in wildcats in France." *The Veterinary Record* 146, 11 (2000): 317–19.

Gage K. L., D. T. Dennis, K. A. Orloski, P. J. Ettestad, T. L. Brown, et al. "Cases of cat-associated human plague in the Western US, 1977–1998." *Clinical Infectious Diseases* 30 (2000): 893–900.

Galbreath, R., and D. Brown. "The tale of the lighthouse-keeper's cat: Discovery and extinction of the Stephens Island wren (*Traversia lyalli*)." *Notornis* 51, no. 4 (2004): 193–200.

Gratz, N. G. "Rodent reservoirs & flea vectors of natural foci of plague." In O. T. Dennis, K. L. Gage, N. Gratz, J. D. Poland, and E. Tikhomirov (eds.), *Plague Manual: Epidemiology, Distribution, Surveillance and Control*, pp. 63–96. Geneva, Switzerland: World Health Organization, 1999.

Grier, Katherine C. *Pets in America: A History*. Chapel Hill: University of North Carolina Press, 2006.

Groc, Isabelle. "Shooting Owls to Save Other Owls." *National Geographic*, Jul. 19, 2014. http://news.nationalgeographic.com/news /2014/07/140717-spotted-owls-barred-shooting-logging-endangered -species-science/.

Gunther, Idit, Hilit Finkler, and Joseph Terkel. "Demographic differences between urban feeding groups of neutered and sexually intact free-roaming cats following a trap-neuter-return procedure." *Journal of the American Veterinary Medical Association* 238, no. 9 (2011): 1134–40.

Hamilton Raven, Peter, and George Brooks Johnson. *Biology*. New York: McGraw-Hill Education, 2002, p. 68.

Hanson, Chad C., Jake E. Bonham, Karl J. Campbell, Brad S. Keitt, Annie E. Little, and Grace Smith. "The Removal of Feral Cats from San Nicolas Island: Methodology." In R. M. Timm and K. A. Fager-stone (eds.), *Proceedings: 24th Vertebrate Pest Control Conference*, pp. 72–78. Davis: University of California, 2010. http://www .islandconservation.org/UserFiles/File/Hanson%20et%20al%202010 _final.pdf (accessed Oct. 12, 2015).

Hayhow, D. B., G. Conway, M. A. Eaton, P. V. Grice, C. Hall, C. A. Holt, A. Kuepfer, D. G. Noble, S. Oppel, K. Risely, C. Stringer, D. A. Stroud, N. Wilkinson, and S. Wotton. *The State of the UK's Birds 2014*. Sandy, Bedfordshire: RSPB, BTO, WWT, JNCC, NE, NIEA, NRW, and SNH, 2014.

Held, J. R., E. S. Tierkel, and J. H. Steele. "Rabies in man and animals in the United States, 1946–65." *Public Health Report* 82 (1967): 1009–18.

History.com. "This Day in History: May 11, 1934: Dust storm sweeps from Great Plains across Eastern states." http://www.history.com/this-day-in-history/dust-storm-sweeps-from-great-plains-across-eastern-states (accessed Nov. 2, 2015).

House, Patrick K., Ajai Vyas, and Robert Sapolsky. "Predator cat odors activate sexual arousal pathways in brains of *Toxoplasma gondii* infected rats." *PLoS One* (2011): e23277.

Houser, Susan. "A New Way to Save Shelter Cats." *HuffPost Impact*, Jan. 4, 2016. http://www.huffingtonpost.com/susan-houser/return-to-field-a-new-con_b_8911786.html (accessed Jan. 4, 2016).

Humane Society of the United States. *The Outdoor Cat: Science and Policy from a Global Perspective*. Marina del Rey, CA, Dec. 3–4, 2012. http://www.humanesociety.org/assets/pdfs/pets/outdoor_cat_white_paper.pdf.

International Union for Conservation of Nature and Natural Resources. *The IUCN Red List of Threatened Species*, vers. 2014.3. http://www.iucnredlist.org.

Izawa, M., T. Doi, and Y. Ono. "Grouping patterns of feral cats (*Felis catus*) living on a small island in Japan." *Japanese Journal of Ecology* 32 (1982): 373–82.

Jehl, J. R., and K. C. Parkes. "Replacements of landbird species on Socorro Islands, Mexico." *The Auk* 100 (1983): 551–59.

Jehl, J. R., and K. C. Parkes. "The status of the avifauna of the Revillagigedo Islands, Mexico." *Wilson Bulletin* 94 (1982): 1–19.

Jessup, David A. "The Welfare of feral cats and wildlife." *Journal of the American Veterinary Association*, vol. 225, no. 9 (Animal Welfare Forum: Management of Abandoned and Feral Cats, 2004): 1377–83.

Jessup, D. A., K. C. Pettan, L. J. Lowenstine, and N. C. Pedersen. "Feline leukemia virus infection and renal spirochetosis in a free-ranging cougar (*Felis concolor*)." *Journal of Zoo and Wildlife Medicine* 24 (1993): 73–79.

Kays, Roland, Robert Costello, Tavis Forrester, Megan C. Baker, Arielle W. Parsons, Elizabeth L. Kalies, George Hess, Joshua J. Millspaugh, and William McShea. "Cats are rare where coyotes roam." *Journal of Mammalogy* 96, no. 5 (2015): 981–87.

Kays, Roland W., and Amielle A. DeWan. "Ecological impact of inside/ outside house cats around a suburban nature preserve." *Animal Conservation* 7, no. 3 (2004): 273–83.

Knight, Kathryn. "How pernicious parasites turn victims into zombies." *Journal of Experimental Biology* 216, no. 1 (2013): i–iv.

Kreuder, C., M. A. Miller, D. A. Jessup, L. J. Lowenstine, M. D. Harris, J. A. Ames, T. E. Carpenter, P. A. Conrad, and J. A. K. Mazet. "Patterns of Mortality in Southern Sea Otters (*Enhydra lutris nereis*) from 1998–2001." *Journal of Wildlife Diseases* 39, no. 3 (Jul. 2003): 495–509.

Kunin, W. E., and Kevin Gaston, eds. *The Biology of Rarity: Causes and Consequences of Rare–Common Differences*. Springer Netherlands, 1996.

Lawton, J., and R. May. *Extinction Rates*. Oxford and New York: Oxford University Press, 1995.

Lepczyk, Christopher A., Nico Dauphine, David M. Bird, Sheila Conant, Robert J. Cooper, David C. Duffy, Pamela Jo Hatley, Peter P. Marra, Elizabeth Stone, Stanley A. Temple. "What Conservation Biologists Can Do to Counter Trap-Neuter-Return: Response to Longcore et al." *Conservation Biology* (2010): 1–3.

Levy, J. K., and P. C. Crawford. "Humane strategies for controlling feral cat populations." *Journal of the American Veterinary Medical Association* 225, no. 9 (2004): 1354–60.

Levy, Julie K., David W. Gale, and Leslie A. Gale. "Evaluation of the effect of a long-term trap-neuter-return and adoption program on a free-roaming cat population." *Journal of the American Veterinary Medical Association* 222, no. 1 (2003): 42–46.

Ling, Vinita J., David Lester, Preben Bo Mortensen, Patricia W. Langenberg, and Teodor T. Postolache. "*Toxoplasma gondii* seropositivity and suicide rates in women." *Journal of Nervous and Mental Disease* 199, no. 7 (2011): 440.

LLRX.com. "The Domestic Cat and the Law: A Guide to Available Resources." http://www.llrx.com/features/catlaw.htm.

Lohr, Cheryl A., Christopher A. Lepczyk, and Linda J. Cox. "Identifying people's most preferred management technique for feral cats in Hawaii." *Human–Wildlife Interactions*, no. 8 (2014): 56–66.

Longcore, Travis, Catherine Rich, and Lauren M. Sullivan. "Critical assessment of claims regarding management of feral cats by trap-neuter-return." *Conservation Biology* 23, no. 4 (2009): 887–94.

Loss, Scott R., Tom Will, and Peter P. Marra. "Direct Mortality of Birds from Anthropogenic Causes." *Annual Review of Ecology, Evolution, and Systematics* 46, no. 1 (2015).

Loss, S. R., Tom Will, and Peter P. Marra. "Direct human-caused mortality of birds: Improving quantification of magnitude and assessment of population impacts." *Frontiers in Ecology and Environment* 10 (2012): 357–64.

Loss, S. R., Tom Will, and Peter P. Marra. "The impact of free-ranging domestic cats on wildlife of the United States." *Nature Communications* 4 (2013): 1396.

Lowe, Sarah, Michael Browne, Souyad Boudjelas, and M. De Poorter. *100 of the World's Worst Invasive Alien Species: A Selection from the Global Invasive Species Database.* Auckland, New Zealand: The Invasive Species Specialist Group, n.d.

Loyd, K.A.T., S. M. Hernandez, J. P. Carroll, K. J. Abernathy, and G. J. Marshall. "Quantifying free-ranging domestic cat predation using animal-borne video cameras." *Biological Conservation* 160 (2013): 183–89.

Martínez, J. E., and R. L. Curry. "Conservation status of the Socorro Mockingbird in 1993–94." *Bird Conservation International* 6 (1996): 271–83.

Martínez-Gómez, J. E., A. Flores-Palacios, and R. L. Curry. "Habitat requirements of the Socorro Mockingbird, *Mimodes graysoni.*" *Ibis* 143 (2001): 456–67.

May, John Bichard. *Edward Howe Forbush: A Biographical Sketch.* Edited by Robert F. Cheney. Boston: Society from the William Brewster Fund, 1928.

Maynard, L. W. "President Roosevelt's List of Birds, seen in the White House Grounds and about Washington during his administration." *Bird Lore* 12, no. 2 (1910). http://www.theodore-roosevelt.com/images/research/trbirdswhitehouse.pdf.

McAuliffe, Kathleen. "How Your Cat Is Making You Crazy." *The Atlantic*, Mar. 2012.

McDonald, Jennifer L., Mairead Maclean, Matthew R. Evans, and Dave J. Hodgson. "Reconciling actual and perceived rates of predation by

流浪猫战争：萌宠杀手的生态影响

domestic cats." *Ecology and Evolution* 5, no. 14 (2015): 2745–53.

Medina, Félix M., Elsa Bonnaud, Eric Vidal, Bernie R. Tershy, Erika S. Zavaleta, C. Josh Donlan, Bradford S. Keitt, Matthieu Corre, Sarah V. Horwath, and Manuel Nogales. "A global review of the impacts of invasive cats on island endangered vertebrates." *Global Change Biology* 17, no. 11 (2011): 3503–10.

Medway, D. G. "The land bird fauna of Stephens Island, New Zealand in the early 1890s, and the cause of its demise." *Notornis* 51 (2004): 201–11.

Meli, M. L., V. Cattori, F. Martínez, G. López, A. Vargas, M. A. Simón, H. Lutz, et al. Feline leukemia virus and other pathogens as important threats to the survival of the critically endangered Iberian lynx (*Lynx pardinus*)." *PLoS One* 4, 3 (2009): e4744.

Michigan State University College of Law. "Code of Federal Regulations. Title 36." https://www.animallaw.info/administrative/us-dogs-large-part-2-resource-protection-public-use-and-recreation-%C2%A7-215-pets (accessed Oct. 3, 2015).

Michigan State University College of Law. "Question 62–Feral Cats– DEFEATED." https://www.animallaw.info/statute/wi-cats-question-62-defeated.

Millán, J., and A. Rodríguez. "A serological survey of common feline pathogens in free-living European wildcats (*Felis silvestris*) in central Spain." *European Journal of Wildlife Research* 55, 3 (2009): 285–91.

Millener, P. R. "The only flightless passerine: The Stephens Island Wren (*Traversia lyalli*: Acanthisittidae)." *Notornis* 36, 4 (1989): 280–84

Modern Cat. "TNR Week: A Brief History of TNR—Q&A with Ellen Perry Berkeley." http://www.moderncat.net/2010/09/14/tnr-week-a-brief-history-of-tnr-qa-with-ellen-perry-berkeley/ (accessed Sep. 5, 2015).

Mooney, Chris. "The Science of Why We Don't Believe Science." *Mother Jones*, May/June 2011. http://www.motherjones.com/politics/2011/03/denial-science-chris-mooney (accessed Oct. 8, 2015).

Moonraker. "Bird Lovers All Over the World Rejoice as Serial Killer James M. Stevenson Is Rewarded by a Galveston Court for Gunning Down Hundreds of Cats." *Cat Defender*, Nov. 20, 2007. http://catdefender.blogspot.com/2007/11/bird-lovers-all-over-world-rejoice-as.html.

Moseby, K. E., and B. M. Hill. "The use of poison baits to control feral cats and red foxes in arid South Australia. I. Aerial baiting trials."

Wildlife Research 38, 4 (2011): 338–50.

Moura, Lenildo D. E., Lilian Maria Garcia Bahia Oliveira, Marcelo Yoshito Wada, Jeffrey L. Jones, Suely Hiromi Tuboi, Eduardo H. Carmo, Walter Massa Ramalho, et al. "Waterborne toxoplasmosis, Brazil, from field to gene." *Emerging Infectious Diseases*, vol. 12, no. 2 (Feb. 2006): 326–29. http://wwwnc.cdc.gov/eid/article/12/2/pdfs/04-1115.pdf.

National Audubon Society. "About Us." https://www.audubon.org/about.

National Audubon Society. "Beating the Odds: A Year in the Life of a Piping Plover." http://docs.audubon.org/plover (accessed Jul. 20, 2015).

National Audubon Society. "National Audubon Society Resolution: Resolution Approved by the Board of Directors on Dec. 7, 1997, Regarding Control and Management of Feral and Free-Ranging Domestic Cats." http://web4.audubon.org/local/cn/98march/nasr.html (accessed Sep. 21, 2015).

National Oceanic and Atmospheric Administration, Montrose Settlements Restoration Program. "About Us." http://www.montroserestoration.noaa.gov/about-us/ (accessed Oct. 13, 2015).

National Park Service. "Spotted Owl and Barred Owl." http://www.nps.gov/redw/learn/nature/spotted-owl-and-barred-owl.htm (accessed Oct, 10, 2015).

National Weather Service Weather Forecast Office. "The Black Sunday Dust Storm of 14 April 1935." http://www.srh.noaa.gov/oun/?n=events-19350414 (accessed Oct. 23, 2015).

The Nature Conservancy. "Kids These Days: Why Is America's Youth Staying Indoors." http://www.nature.org/newsfeatures/kids-in-nature/kids-in-nature-poll.xml (accessed Oct. 9, 2015).

North American Bird Conservation Initiative, U.S. Committee. *The State of the Birds 2014 Report*. Washington, DC: U.S. Department of Interior, 2014. 16 pages. http://www.stateofthebirds.org (accessed Aug. 18, 2015).

Nutter, Felicia Beth. "Evaluation of a trap-neuter-return management program for feral cat colonies: Population dynamics, home ranges, and potentially zoonotic diseases." PhD diss., North Carolina State University, Raleigh, 2006.

O'Brien, Michael, Richard Crossley, and Kevin Karlson. *The Shorebird Guide*. New York: Houghton Mifflin Company, 2006.

Pacelle, Wayne. "Finding Common Ground: Outdoor Cats and Wildlife."

A *Humane Nation: Wayne Pacelle's Blog*, Nov. 21, 2011. http://blog
.humanesociety.org/wayne/2011/11/feral-cats-wildlife.html?credit=
blog_post (accessed Sep. 20, 2015).

Palanisamy, Manikandan, Bhaskar Madhavan, Manohar Babu Balasun-
daram, Raghuram Andavar, and Narendran Venkatapathy. "Outbreak
of ocular toxoplasmosis in Coimbatore, India." *Indian Journal of
Ophthalmology* 54, no. 2 (2006): 129.

Patronek, G. J. "Free-roaming and feral cats—their impact on wildlife
and human beings." *Journal of the American Veterinary Medical Asso-
ciation* 212, no. 2 (1998): 218–26.

People for the Ethical Treatment of Animals. "The Deadly Conse-
quences of 'No-Kill' Policies?" http://www.peta.org/features/deadly
-consequences-no-kill-policies/ (accessed Oct. 14, 2015).

People for the Ethical Treatment of Animals. "PETA's History: Compassion
in Action." http://www.peta.org/about-peta/learn-about-peta/history/.

People for the Ethical Treatment of Animals. "What is PETA's stance
on programs that advocate trapping, spaying and neutering, and re-
leasing feral cats?" http://www.peta.org/about-peta/faq/what-is-petas
-stance-on-programs-that-advocate-trapping-spaying-and-neutering
-and-releasing-feral-cats.

Peterson, Roger Tory. *Peterson Field Guide to Birds of North America.*
New York: Houghton Mifflin Harcourt, 2008.

Pet Food Institute. "Pet Food Sales." http://www.petfoodinstitute.org/
?page=PetFoodSales (accessed Jul. 6, 2015).

Ramzy, Austin. "Australia Writes Morrissey to Defend Plan to Kill Mil-
lions of Feral Cats." *New York Times*, Oct. 14, 2015. http://www
.nytimes.com/2015/10/15/world/australia/australia-feral-cat-cull
-brigitte-bardot-morrissey.html (accessed Oct. 20, 2015).

Ratcliffe, Norman, Mike Bell, Tara Pelembe, Dave Boyle, Raymond
Benjamin Richard White, Brendan Godley, Jim Stevenson, and Sarah
Sanders. "The eradication of feral cats from Ascension Island and
its subsequent recolonization by seabirds." *Oryx: The International
Journal of Conservation* (published for Fauna and Flora International)
no. 44, 1 (2009): 20–29.

Raup, D., and J. Sepkoski Jr. "Mass extinctions in the marine fossil re-
cord." *Science* 215, 4539 (1982): 1501–3.

Recuenco, Sergio, Bryan Cherry, and Millicent Eidson. "Potential cost

Recuenco, Sergio, Bryan Cherry, and Millicent Eidson. "Potential cost savings with terrestrial rabies control." *BMC Public Health* 7, no. 1 (2007): 47.

Renne, Paul R., Alan L. Deino, Frederik J. Hilgen, Klaudia F. Kuiper, Darren F. Mark, William S. Mitchell, Leah E. Morgan, Roland Mundil, and Jan Smit. "Time Scales of Critical Events Around the Cretaceous-Paleogene Boundary." *Science* 339, no. 6120 (Feb. 7, 2013): 684–87.

Rice, Harvey. "Galveston Bird Watcher/Cat Killer Won't Be Retried." *Houston Chronicle*, Nov. 16, 2007. http://www.chron.com/news/houston-texas/article/Galveston-bird-watcher-cat-killer-won-t-be-retried-1647458.php.

Rocus, Denise S., and Frank Mazzotti. "Threats to Florida's Biodiversity." University of Florida IFAS Extension. http://edis.ifas.ufl.edu/uw107 (accessed Oct. 7, 2015).

Roebling, A. D., D. Johnson, J. D. Blanton, M. Levin, D. Slate, G. Fenwick, and C. E. Rupprecht. "Rabies Prevention and Management of Cats in the Context of Trap-Neuter-Vaccinate-Release Programmes." *Zoonoses and Public Health* 61, 4 (2014): 290–96.

Roelke, M. E., D. J. Forester, E. R. Jacobson, G. V. Kollias, F. W. Scott, M. C. Barr, J. F. Evermann, and E. C. Pirtel. "Seroprevalence of infectious disease agents in free-ranging Florida panthers (*Felis concolor coryi*)." *Journal of Wildlife Diseases* 29 (1993): 36–49.

Royal Society for the Protection of Birds. "Are Cats Causing Bird Declines?" http://www.rspb.org.uk/makeahomeforwildlife/advice/gardening/unwantedvisitors/cats/birddeclines.aspx. (accessed Apr. 18, 2015).

Royal Society for the Protection of Birds. "Decline of Urban House Sparrows." http://www.rspb.org.uk/whatwedo/projects/details/198323-causes-of-population-decline-of-urban-house-sparrows- (accessed Apr. 18, 2015).

Rupprecht, Charles E., Cathleen A. Hanlon, and Thiravat Hemachudha. "Rabies re-examined." *The Lancet Infectious Diseases* 2, no. 6 (2002): 327–43.

Santella, Chris. *Fifty Places to Go Birding Before You Die*. New York: Stewart, Tabori & Chang, 2007.

Schopf, J. W., A. B. Kudryavtsev, A. D. Czaja, and A. B. Tripathi. "Evidence of Archean Life: Stromatolites and Microfossils." *Precambrian Research* 158 (2007): 141–155.

Seton, Ernest Thompson. *Two Little Savages: Being the Adventures of Two Boys Who Lived as Indians*. Oxford: Benediction Classics, 2008.

Sleeman, J. M., J. M. Keane, J. S. Johnson, R. J. Brown, and S. V. Woude. "Feline leukemia virus in a captive bobcat." *Journal of Wildlife Diseases* 37, 1 (2001): 194–200.

Stallcup, R. "Cats: A Heavy Toll on Songbirds. A Reversible Catastrophe." Focus 29. *Quarterly Journal of the Point Reyes Bird Observatory* (Spring/Summer 1991): 8–9. http://www.pointblue.org/uploads/assets/observer/focus29cats1991.pdf.

Stanley Medical Research Institute. "Toxoplasmosis–Schizophrenia Research." http://www.stanleyresearch.org/patient-and-provider-resources/toxoplasmosis-schizophrenia-research/ (accessed Sep. 19, 2015).

State of New York, Department of Agriculture. Article 26 of the Agriculture and Markets Law Relating to Cruelty to Animals. http://www.agriculture.ny.gov/ai/AILaws/Article_26_Circ_916_Cruelty_to_Animals.pdf.

Stearns, Beverly Peterson, and Stephen C. Stearns. *Watching, from the Edge of Extinction*. New Haven, CT: Yale University Press, 2000.

Stenseth, Nils Chr., Bakyt B. Atshabar, Mike Begon, Steven R. Belmain, Eric Bertherat, Elisabeth Carniel, Kenneth L. Gage, Herwig Leirs, and Lila Rahalison. "Plague: Past, present, and future." *PLoS Med 5*, no. 1 (2008): e3.

Stenseth, Nils Chr., Noelle I. Samia, Hildegunn Viljugrein, Kyrre Linné Kausrud, Mike Begon, Stephen Davis, Herwig Leirs, et al. "Plague dynamics are driven by climate variation." *Proceedings of the National Academy of Sciences* 103, no. 35 (2006): 13110–15.

Tharoor, Ishaan. "Australia actually declares 'war' on cats, plans to kill 2 million by 2020." *Washington Post*, Jul. 16, 2015. https://www.washingtonpost.com/news/worldviews/wp/2015/07/16/australia-actually-declares-war-on-cats-plans-to-kill-2-million-by-2020/.

Theodore Roosevelt Association. "The Conservationist." http://www.theodoreroosevelt.org/site/pp.aspx?c=elKSIdOWIiJ8H&b=8344385 (accessed Aug. 16, 2015).

Tobin, Kate. *The Rundown*. "Did wolves help restore trees to Yellowstone?" Sep. 4, 2015. http://www.pbs.org/newshour/rundown/wolves-greenthumbs-yellowstone.

Torrey, E. F., J. J. Bartko, and R. H. Yolken. "*Toxoplasma gondii*: Meta-analysis and assessment as a risk factor for schizophrenia." *Schizophrenia Bulletin* 38 (2012): 642–47.

Torrey, E. Fuller, and Robert H. Yolken. "*Toxoplasma gondii* and schizophrenia." *Emerging Infectious Diseases* 9, no. 11 (2003): 1375.

United States Census Bureau. "America's Families and Living Arrangements: 2012." Aug. 2013. http://www.census.gov/prod/2013pubs/p20 -570.pdf.

United States Department of Agriculture. Natural Resources Conservation Service. "Hugh Hammond Bennett: 'Father of Soil Conservation.'" http://www.nrcs.usda.gov/wps/portal/nrcs/detail/national/about /history/?cid=stelprdb1044395 (accessed Oct. 23, 2015).

U.S. Fish and Wildlife Service. "Birding in the United States: A Demographic and Economic Analysis." http://www.fws.gov/southeast /economicImpact/pdf/2011-BirdingReport--FINAL.pdf (accessed Apr. 20, 2015).

U.S. Fish and Wildlife Service. "Digest of Federal Resource Laws of Interest to the U.S. Fish and Wildlife Service." http://www.fws.gov/laws /lawsdigest/esact.html (accessed Jul. 22, 2015).

U.S. Fish and Wildlife Service. "Endangered Species Act | Section 3." http://www.fws.gov/endangered/laws-policies/section-3.html.

U.S. Fish and Wildlife Service. "Piping Plover Fact Sheet." http://www .fws.gov/midwest/endangered/pipingplover/pipingpl.html (accessed Jul. 20, 2015).

Velasco-Murgía, M. *Colima y las islas de Revillagigedo*. Colima, Mexico: Universidad de Colima, 1982.

Vuilleumier, François. "Dean of American Ornithologists: The Multiple Legacies of Frank M. Chapman of the American Museum of Natural History." *The Auk* 122, no. 2 (2005): 389–402.

Vyas, Ajai, Seon-Kyeong Kim, Nicholas Giacomini, John C. Boothroyd, and Robert M. Sapolsky. "Behavioral changes induced by *Toxoplasma* infection of rodents are highly specific to aversion of cat odors." *Proceedings of the National Academy of Sciences* 104, no. 15 (2007): 6442–47.

Warner, R. E. "Demography and movements of free-ranging domestic cats in rural Illinois." *Journal of Wildlife Management* 49, 2 (1985): 340–46.

Watts, E., Y. Zhao, A. Dhara, B. Eller, A. Patwardhan, and A. P. Sinai. "Novel approaches reveal that *Toxoplasma gondii* bradyzoites within tissue cysts are dynamic and replicating entities in vivo." *MBio* 6, no. 5 (2015): e01155-15.

Williams, Ted. "The Most Endangered Bird in the Continental U.S." *Audubon*, Mar.–Apr. 2013. https://www.audubon.org/magazine/march-april-2013/the-most-endangered-bird-continental-us (accessed Oct. 24, 2015).

Wilson, Don E., and DeeAnn M. Reeder (eds). *Mammal Species of the World: A Taxonomic and Geographic Reference.* 3rd ed. Baltimore: Johns Hopkins University Press, 2005.

Winter, L. "Popoki and Hawaii's Native Birds." *'Elepaio* 63 (2003): 43–46.

Winter, L. "Trap-neuter-release programs: The reality and impacts." *Journal of the American Veterinary Medical Association* 225 (2004): 1369–76.

Wisch, Rebecca F. "Detailed Discussion of State Cat Laws." Michigan State University College of Law. https://www.animallaw.info/article/detailed-discussion-state-cat-laws (accessed Jul. 15, 2015).

Work, Thierry M., J. Gregory Massey, Bruce A. Rideout, Chris H. Gardiner, David B. Ledig, O. C. H. Kwok, and J. P. Dubey. "Fatal toxoplasmosis in free-ranging endangered 'Alalā from Hawaii." *Journal of Wildlife Diseases* 36, no. 2 (2000): 205–12.

World Health Organization. "Rabies Fact Sheet No. 99." Mar. 2016. http://www.who.int/mediacentre/factsheets/fs099/en/ (accessed Apr. 7, 2016).

World History of Art. "Cats in History." http://www.all-art.org/Cats/BIG_BOOK1.htm (accessed Apr. 4, 2015).

Zasloff, Lee R., and Lynette A. Hart. "Attitudes and care practices of cat caretakers in Hawaii." *Anthrozoös* 11, no. 4 (1998): 242–48.

译名对照表

立法提案）

Audubon, John James　约翰·詹姆斯·奥杜邦

Audubon Societies　奥杜邦学会及分会

Bardot, Brigitte　碧姬·芭铎

Barred Owls (*Strix varia*)　横斑林鸮

Barrows, Paul　保罗·巴罗斯

Beaver, American (*Castor canadensis*)　美洲河狸

Bekoff, Marc　马克·贝科夫

Bennett, Hugh Hammond　休·哈蒙德·贝内特

Berdoy, Manuel　曼努埃尔·贝尔多

Berry, Wendall　温德尔·贝里

Beversdorf, Andy　安迪·贝弗斯多夫

Bidwell Park (Chico, California)　比德韦尔公园（加利福尼亚州奇科市）

The Big Year (film, 2011)　《观鸟大年》（2011 年的电影）

Birds of America (Audubo)　《美国鸟类》（奥杜邦著）

The Birds of Massachusetts (Forbush)　《马萨诸塞州鸟类》（福布什著）

Bobcats (*Lynx rufus*)　短尾猫

Bobolink (*Dolinchonyx oryzivorus*)　刺歌雀

Bonnington, Colin, et al.　科林·伯宁顿等

Bratman, Gregory　格雷戈里·布拉特曼

Brattstrom, Bayard　贝亚德·布拉斯特伦

Brautigan, Richard　理查德·布劳提根

Brinkley, Douglas　道格拉斯·布林克里

California Condor (*Gymnogyps californianus*)　加州神鹫

California Quail (*Callipepla californica*)　加利福尼亚鹌鹑

California Sea Lions (*Zalophus californianus*)　加州海狮

Callicott, J. Baird　J. 贝尔德·卡利科

Cape May, New Jersey　新泽西州的五月角

caretakers of cat colonies　猫聚落的照料者

Carmona, Frank T.　弗兰克·T. 卡莫纳

Carson, Rachel　蕾切尔·卡森

Cat House (Fresno, California)　"国王河路猫房"（加利福尼亚州弗勒斯

诺市）

catios　猫中庭

cats, domestic (*Felis catus*)　家猫

Cats Indoors Campaign　"室内养猫运动"

Cats to Go campaign　"让猫消失"运动

Centers for Disease Control　疾病控制中心

Chapman, Frank　弗兰克·查普曼

Chico Cat Coalition　"奇科市猫联盟"

"chips" (microchips)　"芯片"（微型芯片）

Christmas Bird Count　圣诞节鸟类统计

Churcher, Peter　彼得·丘彻

Coleman, John　约翰·科尔曼

colonies of free-ranging cats　流浪猫的聚落

commensalism　共栖

compassionate conservation　慈善保护

compensatory mortality　替补性的死亡

confirmation bias　确认式偏见

Cornell Laboratory of Ornithology　康奈尔鸟类实验室

Coues, Elliot　埃利奥特·科茨

Cougars (*Puma concolor couguar*)　美洲狮亚种

Coyotes　郊狼

Crooks, Kevin　凯文·克鲁克斯

"Curiosity" poison cat bait　"好奇"灭猫毒饵

Cutthroat Trout (*Oncorhynchus clarkii*)　克拉克大麻哈鱼

Darwin, Charles　查尔斯·达尔文

DDT　滴滴涕

DeWan, Amielle　艾米埃尔·德万

Diller, Lowell　洛威尔·迪勒

The Domestic Cat: Bird Killer, Mouser and Destroyer of Wildlife (Forbush)　《家猫——鸟类杀手、捕鼠动物和野生动物的毁灭者，以及利用和控制手段》（福布什著）

Double-crested Cormorants (*Phalacrocorax auritus*)　角鸬鹚

Dubey, Jitender　吉特·迪贝

Dust Bowl drought　美国中西部沙尘暴地区的干旱

Eastern Meadowlark (*Sturnella magna*)　东部草地鹨

eBird online checklist for birder　供观鸟者使用的线上鸟类数据库

Ehrlich, Paul　保罗·欧立希

Elk (*Cervus elaphus*)　马鹿

Endangered Species Act (ESA)　《濒危物种法案》

Environmental Protection Agency (EPA)　环境保护部

euthanasia　安乐死

Favre, David　大卫·法夫尔

feces: and analysis of cats' diets　粪便与对猫摄入的食物分析

feline leukemia　猫白血病

feline panleukopenia　猫泛白细胞减少症

Felmershan, England　英国费尔莫舍

Feral Cat Coalition　"野猫联盟"

Field, George　乔治·菲尔德

field guides　野外指南

Field Guide to the Birds (Peterson)　《鸟类野外手册》(彼得森著)

"field marks" and bird identification　"田野标志"和鸟类鉴别

Florida Grasshopper Sparrow (*Ammodramus savannarum floridanus*)　佛罗里达草鹀

Florida Panther (*Puma concolor coryi*)　佛罗里达山狮

Foley, Patrick　帕特里克·福利

Forbes, Malcolm　马尔科姆·福布斯

Forbush, Edward Howe　爱德华·豪·福布什

Galveston, Texas　得克萨斯州的加尔维斯顿

"The Good Work of Chickens" (Brautigan)　《鸡的善举》(布劳提根著)

Gray Wolf (*Canis lupus*)　灰狼

Greater Yellowstone Ecosystem　大黄石生态系统

Grenada Dove (*Leptotila wellsi*)　格林纳达棕翅鸠

Gretch, Laura　劳拉·格雷奇

Grier, Katherine　凯瑟琳·格里尔

Grinnell, George Bird　乔治·伯德·格林内尔

"Grumpy Cat" internet meme　互联网拟子"臭脸猫"

Gunther, Idit, et al.　艾迪特·冈瑟等

Hasst's Eagle　哈斯特鹰

Hare, Richard　理查德·黑尔

Harmon, Sharon　莎伦·哈蒙

Hatley, Pamela Jo　帕米拉·乔·哈特利

Hawaiian Crow (*Corvus hawaiiensis*)　夏威夷乌鸦

Hayden Island Cat Project　"海登岛猫计划"

Heaton, E. H.　E. H. 伊顿

Henslow's Sparrow (*Ammodramus henslowii*)　亨氏草鹀

Here, Kitty Kitty (film)　《小猫小猫到这儿来》(电影)

honeycreepers, Palila (*Loxioides bailleui*)　黄胸管舌雀

Hornbeck, Blanche　布兰奇·霍恩贝克

House, Patrick　帕特里克·豪斯

House Sparrows (*Passer domesticus*)　家麻雀

Humane Society of the United States (HSUS)　美国爱护动物协会

Hunt, Greg　格雷格·亨特

Huxley, Thomas　托马斯·赫胥黎

International Companion Animal Management Coalition　国际陪伴动物管理联盟

Isla Socorro　索科罗岛

Jehl, Joe　乔·杰尔

Jessup, David　大卫·杰索普

Karori Reservoir Valley, New Zealand　新西兰的卡罗里水库山谷

Kauai Community Cat Foundation　考艾岛社区猫基金会

Kauai Feral Cat Task Force　"考艾岛野猫工作组"

Kays, Roland, et al.　罗兰·凯斯等

"Kitty Cams" video cameras for data collection　采集信息所用的"小猫摄像机"

kitty litter　猫砂

kiwis　几维鸟

Lawton, John　约翰·劳顿

leash laws　给猫系上绳索的法规

Leopold, Aldo　奥尔多·利奥波德

Lepczyk, Christopher　克里斯多夫·莱普契克

lethal removal programs　致命性清除方案

Levy, Julie, et al.　朱莉·利维等

life lists　鸟类记录

Lincoln, Abraham　亚伯拉罕·林肯

live traps　活捕陷阱

Longcore, Travis　特拉维斯·朗克尔

Loss, Scott　斯科特·洛斯

Louv, Richard　理查德·洛夫

Loyd, Kerrie Anne　凯利·安·劳埃德

Lyall, David　大卫·莱尔

Lynn, Bill　比尔·林恩

Maddie's Fund　玛蒂基金

Maly, Myrtle　美特尔·马利

Marion Island, South Africa　南非的马里恩岛

Marra, Pete　彼得·马拉

Martínez-Gómez, Juan　胡安·马丁内斯-戈麦斯

Massachusetts　马萨诸塞州

Mauritius Kestrel (*Falco punctatus*)　毛里求斯隼

Mayr, Ernst　恩斯特·迈尔

McDonald, Jennifer, et al.　詹尼弗·麦克唐纳等

Medina, Felix, et al.　菲利克斯·梅迪纳等

mesopredator release hypothesis　中型食肉动物释放假说

Migratory Bird Treaty Act (MBTA)　《候鸟条约法案》

Million Dollar Mouse campaign　"百万美元灭鼠运动"

moas　恐鸟

Monk Seals　僧海豹

Mooney, Chris　克里斯·穆尼

Morgan, Gareth　加雷斯·摩根

Morgan Foundation　摩根基金会

Morrissey (pop singer)　莫里西（流行歌手）

Muir, John　约翰·缪尔

National Audubon Socity　美国奥杜邦鸟类学会

Nature Communications　《自然通讯》

Nature Conservancy　大自然保护协会

nature-deficit disorder　自然缺失症

Nelson, Tad　塔德·内尔森

A New Environmental Ethics (Rolston)　《新环境伦理学》(罗尔斯顿著)

New Jersey　新泽西州

Newland, John　约翰·纽兰

New York Times　《纽约时报》

"no kill" shelter policies　收容站的 "不杀" 政策

Northern Flicker (*Colaptes auratus*)　北扑翅䴕

Northern Spotted Owl (*Strix occidentalis caurina*)　北方斑林鸮

Nutter, Felicia　菲莉西亚·纳特

O'Donnell, Ted　泰德·奥唐纳

Operation Catnip, Inc.　"猫薄荷项目"

Orchard, Ron　朗·奥查德

Oregon Humance Society (OHS)　俄勒冈州爱护动物协会

Ovenbird (*Seiurus aurocapilla*)　橙顶灶莺

Pacelle, Wayne　韦恩·帕赛尔

Palila (*Loxiodes bailleui*)　黄胸管舌雀

Palila v. Hawaii Department of Land and Natural Resources　"黄胸管舌雀诉夏威夷土地和自然资源部" 一案

Parkes, Ken　肯·帕克斯

People for the Ethical Treatment of Animals (PETA)　"善待动物组织" (PETA)

Peregrine Falcon (*Falco peregrinus*)　游隼

Peterson, Roger Tory　罗杰·托利·彼得森

pet food manufacturers　宠物食品生产商

Pets in America: A History (Grier)　《美国宠物史》(格里尔著)

Pinchot, Gifford　吉福德·平肖

Piping Plover (*Charadrius melodus*)　笛鸻

plovers　鸻

Point Blue Conservation Science　兰岬环保科学组织

Point Reyes Bird Observatory (PRBO)　雷斯岬观鸟站（PRBO）

Polhemus, Grace　格雷丝·波尔希默斯

Portland, Oregon　俄勒冈州波特兰市

prey-return behavior　归还猎物行为

Proctor, Noble　诺贝尔·普罗克特

Q62/Question 62–Feral Cats　Q62 提案："野化家猫"

radio collars, data collection and　无线电项圈，与数据收集

Rekers, Wendi　温迪·雷克斯

rescue and adoption programs　救援和领养方案

Return to Field (RTF) policies　"放归田野"政策

Rich, Catherine　凯瑟琳·里奇

Rolston, Holmes III　赫尔姆斯·罗尔斯顿三世

Roosevelt, Theodore　西奥多·罗斯福

Royal Society for the Prevetion of Cruelty to Animals　英国皇家防止虐待动物协会

Royal Society for the Protection of Birds (RSPB)　英国皇家鸟类保护协会（RSPB）

Ryder, Richard　理查德·瑞得

Salem Friends of Felines　"塞勒姆猫之友"组织

Sallinger, Bob　鲍勃·赛林格

A Sand County Almanac (Leopold)　《沙乡年鉴》（利奥波德著）

San Nicholas Island (California)　圣尼古拉斯岛（加利福尼亚州）

Santell, Paige L.　佩奇·L.桑特尔

Sapolsky, Robert　罗伯特·萨波尔斯基

schizophrenia　精神分裂症

science denial　否定科学

Sea Otter (*Enhydra lutris*)　海獭

Senate Bill 1320 (proposed Florida state law)　参议院法案 1320（佛罗里达州立法提案）

Seton, Ernest Thompson　欧内斯特·汤普森·西顿

Silent Spring (Carson)　《寂静的春天》（卡森著）

Singer, Peter　彼得·辛格

Sistrunk, Kurk　科克·西斯特朗克

Sizemore, Grant　格兰特·赛兹摩尔

Smith, Mark　马克·史密斯

Socorro Dove (*Zenaida graysoni*)　索科罗鸠

Soil Conservation Act　《土壤保护法》

Soule, Michael　迈克尔·苏尔

SPCA　防止虐待动物协会

Stallcup, Rich　里奇·斯塔尔卡普

State of Texas v. Stevenson　得克萨斯州诉史蒂文森一案

Stephens Island (New Zealand)　新西兰史蒂文斯岛

Stephens Island Wren (*Xenicus (Traversia) lyalli*)　史蒂文斯岛鹪鹩

Stevenson, Jim　吉姆·史蒂文森

Stewart Island, New Zealand　新西兰的斯图尔特岛

Tardar Sauce "Grumpy Cat"　"臭脸猫"塔达酱

Te Papa Tongerawa (National Museum of New Zealand)　蒂帕帕博物馆
（新西兰国家博物馆）

Thompson, Bill　比尔·汤普森

Torrey, E. Fuller　E. 弗勒·托里

Toxoplasma gondii　刚地弓形虫

trap-neuter-adopt (TNA) programs　捕捉—绝育—领养项目

trap-neuter-return (TNR) programs　捕捉—绝育—放归项目

Twain, Mark (Clemens, Samuel)　马克·吐温（萨缪尔·克莱门斯）

Two Little Savages (Seton)　《两个小野人》（西顿著）

Tylenol　泰诺（扑热息痛药）

University of Central Florida, Orlando　奥兰多的佛罗里达中部大学

Vyas, Ajai　阿贾·维亚斯

Wamsley, John　约翰·瓦姆斯利

Webster, Joanne　乔安妮·韦伯斯特

Wilderness Warrior: Theodore Roosevelt and the Crusade for America
(Brinkley)　《荒野斗士：西奥多·罗斯福和美国的十字军运动》（布林可里著）

Wildlife Society Bulletin　《野生动物协会简报》

Will, Tom　汤姆·威尔

Willamette Humane Society　威拉默特爱护动物协会

Williams, Ted　泰德·威廉斯
Wisconsin Cat-Action Team (Wisconsin CAT)　"威斯康星猫行动队"
Wisconsin Conservation Congress　威斯康星州保护代表大会
Wixson, Margaret　玛格丽特·威克森
Yolken, Robert H.　罗伯特·H. 约尔肯
Zealandia nature preserve　西兰蒂亚自然保护区

图书在版编目(CIP)数据

流浪猫战争：萌宠杀手的生态影响/(美)彼得·P.
马拉,(美)克里斯·桑泰拉著；周玮译.—北京：商务
印书馆,2020
（自然文库）
ISBN 978-7-100-18850-0

Ⅰ.①流… Ⅱ.①彼… ②克… ③周… Ⅲ.①猫—
普及读物 Ⅳ.①Q959.838-49

中国版本图书馆 CIP 数据核字(2020)第 140105 号

自然文库
流浪猫战争
萌宠杀手的生态影响
〔美〕彼得·P.马拉　克里斯·桑泰拉　著
周　玮　译

商 务 印 书 馆 出 版
（北京王府井大街 36 号　邮政编码 100710）
商 务 印 书 馆 发 行
北京新华印刷有限公司印刷
ISBN 978-7-100-18850-0

2020 年 10 月第 1 版　　开本 710×1000　1/16
2020 年 10 月北京第 1 次印刷　印张 14¼　插页 4
定价：58.00 元